国|际|环|境|设|计|精|品|教|程

The Complete Illustrated
Interior Design and Ornament

室内设计与
装饰完全图解

[日] 尾上孝一　妹尾衣子　小宫容一　安达英俊 / 著

朱波　李娇　夏霖　伍明君 / 译

中国青年出版社

图书在版编目（CIP）数据

室内设计与装饰完全图解 /（日）尾上孝一等著; 朱波等译. — 北京: 中国青年出版社，2013.9（2022.8重印）
国际环境设计精品教程
ISBN 978-7-5153-1883-7

I.①室… II.①尾… ②朱… III.①室内装饰设计—图解 IV.①TU238-64

中国版本图书馆CIP数据核字（2011）第133062号

版权登记号: 01-2013-4881
KANZENZUKAI INTERIOR COORDINATES TEXT by Kouichi Onoe, Kinuko Senoo, Youichi Komiya, Hidetoshi Adachi
Copyright @1998 Kouichi Onoe, Kinuko Senoo, Youichi Komiya, Hidetoshi Adachi
All rights reserved.
First original Japanese edition published by INOUE SHOIN CO.,LTD. Japan.
Chinese (in simplified character only) translation rights arranged with INOUE SHOIN CO.,LTD. Japan
through CREEK & RIVER Co., Ltd. and CREEK & RIVER SHANGHAI Co., Ltd.

国际环境设计精品教程
室内设计与装饰完全图解

著　　者：	[日]尾上孝一　妹尾衣子　小宫容一　安达英俊	
译　　者：	朱波　李娇　夏霖　伍明君	
企　　划：	北京中青雄狮数码传媒科技有限公司	
策划编辑：	张军　马珊珊	
责任编辑：	易小强　张军	
助理编辑：	马珊珊	
书籍设计：	DIT_design　孙素锦	
出版发行：	中国青年出版社	
社　　址：	北京市东城区东四十二条21号	
网　　址：	www.cyp.com.cn	
电　　话：	（010）59231565	
传　　真：	（010）59231381	

印　　刷：	天津融正印刷有限公司
规　　格：	787×1092　1/16
印　　张：	9
字　　数：	160千字
版　　次：	2013年11月北京第1版
印　　次：	2022年8月第6次印刷
书　　号：	978-7-5153-1883-7
定　　价：	49.80元

如有印装质量问题, 请与本社联系调换
电话: （010）59231565
读者来信: reader@cypmedia.com
投稿邮箱: author@cypmedia.com
如有其他问题请访问我们的网站: http://www.cypmedia.com

PREFACE 前言

曾有朋友笑谈说是室内设计行业提升了国人的艺术设计意识。问其缘由，朋友回答："今天连老太太都知道买了房就要请个室内设计师来做设计"。相较于建筑设计业，室内设计入行门槛并不高，过去发展蓬勃却又混乱的家装市场加剧了人们对于室内设计的混乱认知。于是多年以前便有人调侃道："只要会耍斧子的，就敢说自己是个室内设计师"。然时至今日，人们在室内设计，特别是在商业空间设计上，开始认识到，室内设计

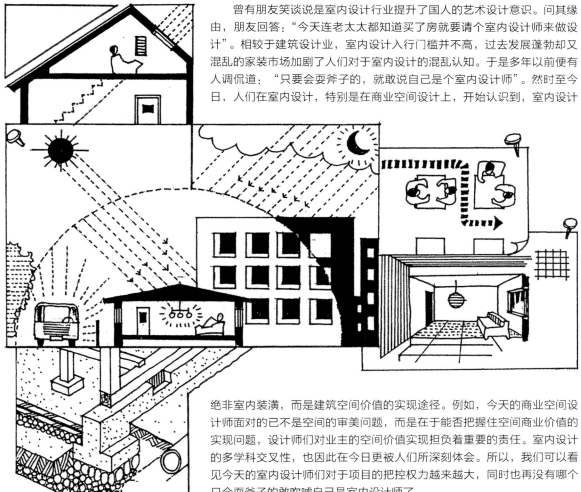

绝非室内装潢，而是建筑空间价值的实现途径。例如，今天的商业空间设计师面对的已不是空间的审美问题，而是在于能否把握住空间商业价值的实现问题，设计师们对业主的空间价值实现担负着重要的责任。室内设计的多学科交叉性，也因此在今日更被人们所深刻体会。所以，我们可以看见今天的室内设计师们对于项目的把控权力越来越大，同时也再没有哪个只会耍斧子的敢吹嘘自己是室内设计师了。

室内设计是多学科的交叉，是理性的分析，是严谨的工程技术，也是艺术感性的表达。对于这么一门游弋在技术与艺术之间的学科与行业，如何获得科学的、系统的同时有具有创造力的设计才能，是初入室内设计行业者们所关心的问题。而本书以其系统的，但又简明、直观的内容为初学者和初从业者们指出了前进方向。

常言道："一个好的开始就是成功了一半"，成为合格的室内设计师则是一个需要消耗漫长时间与精力的艰辛历程，本书将因其专业性、直观性和生动性为各位在这漫长历程的开始铺下一段坦实的道路。祝得各位在这条路上走得更踏实、更快捷。

江南大学　姬林

3

CONTENTS 目 录

前言 ·· 3

1 西方室内设计与建筑历史

1 古代与中世纪的历史 ··············· 10
2 中世纪与近世纪的历史 ············· 11
3 近代建筑样式的确立 ··············· 12
4 新生活样式 ······················· 13
◆ 重点知识填空-1 ················· 14

2 室内设计的规划

1 空间与尺寸的设计 ················· 16
   空间规划 ························· 16
   尺寸标准 ························· 17
2 性能与安全的规划 ················· 18
   室内的性能与条件 ··············· 18
   安全规划 ························· 19
3 住宅中各个房间的设计 ············· 20
   客厅 ····························· 20
   饭厅 ····························· 21
   主卧室 ··························· 22
   儿童房 ··························· 22
   厨房、家务房 ··················· 23
   浴室、洗漱间等 ················· 23
   卫生间（厕所） ················· 24
   走廊、楼梯 ····················· 24
   门厅 ····························· 25
   老年人的房间 ··················· 25
4 装修与维护管理 ··················· 26
   装修规划 ························· 26
   维护管理规划 ··················· 27
◆ 重点知识填空-2 ················· 28

3 家具与人体工程学

1 人体尺寸 ························· 30
2 人体动作姿势与尺寸 ··············· 31
3 家具、室内构件的应用 ············· 32
   坐姿与椅子 ····················· 32
   姿势变化与支撑姿势的家具形状 ··· 33

动作空间 ································· 34

储物计划与作业领域 ··············· 35

布局与人际关系 ···················· 36

视线高度与家具大小、所占空间 ···· 37

◆ 重点知识填空-3 ················· 38

4 室内设计的元素

1 形状与造型美 ······················ 40

室内构件的形状与意义 ············· 40

形态与视觉 ························· 41

造型美的原理 ······················ 42

统一与变化/和谐 ·················· 43

均衡与比例 ························· 44

节奏与抑扬顿挫 ···················· 45

2 色彩的本质与分类 ·················· 46

色彩与感情 ························· 47

色彩的表现体系 ···················· 48

色彩搭配与和谐 ···················· 49

3 材质 ······························· 50

材质的属性 ························· 50

室内材质的构成 ···················· 51

◆ 重点知识填空-4 ················· 52

5 室内设计与建筑结构

1 一般结构 ··························· 54

建筑结构概论 ······················ 54

建筑物的构成 ······················ 55

2 建筑物的各种结构 ·················· 56

建筑结构种类 ······················ 56

木结构与地基 ······················ 57

梁柱结构的构成 ···················· 58

梁柱结构的接合部分及接合用的辅助材料 ··· 59

钢筋混凝土结构 ···················· 60

配筋基础 ··························· 61

钢结构 ····························· 62

◆ 重点知识填空-5 ················· 63

6 室内设计构成
1 室内地面的架构法 ································· 66
  地板构成 ······································· 66
2 墙壁构成法 ······································· 67
  墙壁构成 ······································· 67
3 天花板构成法 ····································· 69
  天花板构成 ····································· 69
4 建造 ··· 70
  凹间的构成 ····································· 71
  内部建造施工 ··································· 72
5 门窗 ··· 73
  门窗的种类 ····································· 73
6 楼梯 ··· 75
7 室内构件 ··· 76
◆ 重点知识填空-6 ································· 77

7 室内装饰与建筑材料
1 室内材料 ··· 80
  结构材料 ······································· 80
2 内装修饰面材料 ·································· 82
  地板饰面材料 ··································· 82
  墙壁、天花板饰面材料 ······················· 85
  墙壁饰面材料 ··································· 86
  天花板饰面材料 ································· 88
3 功能性材料 ······································ 90
  吸音材料、隔音材料 ·························· 91
  隔热材料 ······································· 92
  防火材料 ······································· 93
  防水材料 ······································· 94
◆ 重点知识填空-7 ································· 95

8 室内设计与环境工程学
1 气候 ··· 98
  室内气候与舒适程度 ·························· 98
  日照与日射 ····································· 99
  热传导 ··· 100
  换气与通风 ···································· 101
2 采光与照明 ····································· 102
  采光 ··· 102
  照明 ··· 103
  照明方式 ······································ 104

3 声音环境 ·· 105
　　音响 ·· 105
　　噪音、回声 ·· 106
　　余音时间 ·· 107
◆ 重点知识填空-8 ··· 108

9 **室内设计相关设备使用方法**
1 室内设计相关设备 ······································· 110
2 供排水、卫生设备 ······································· 111
　　热水供应设备 ·· 112
　　排水设备 ·· 113
3 空气协调、换气设备 ····································· 115
4 冷暖气、换气设备 ······································· 116
5 电气设备 ··· 117
　　照明设备、供气设备、通信设备 ························ 118
　　通信设备——住宅所用设备全貌 ························ 119
◆ 重点知识填空-9 ··· 120

10 **室内设计的表现技法**
1 室内设计的基本图纸与标记符号 ··························· 122
2 绘制平面图与立面图 ····································· 123
3 绘制天花板仰视图、饰面清单、门窗表 ····················· 124
4 绘制设备图 ··· 125
5 绘制透视图 ··· 126
6 发表展示设计方案 ······································· 127
◆ 重点知识填空-10 ·· 128

11 **阅读拓展：室内设计相关法规**
1 住宅 ·· 130
2 内装修限制、防灾物品等 ································· 131
3 防止室内化学物质过敏症的技术标准概要 ··················· 132
　　内装修的限制 ·· 133
　　必须安装的机械换气设备 ································ 134
　　关于天花板背侧装修的限制 ······························ 135
◆ 重点知识填空-11 ·· 136

参考文献 ·· 137
索引 ·· 138

西方室内设计与建筑历史

学习重点

人类自从在地球上诞生以来，凡是有人类生活的地方，就有为生存、为生活所需的场所、空间。因此，地球上几乎所有的地方，都保留着符合当地的自然与风土的建筑物。这些建筑物，历经岁月沧桑，逐渐形成了具有当地自然风情和民族特征的建筑样式，也成为形成独特的生活文化的基础。

对于从现在开始学习室内设计的人来说，了解人类的居住方式、生活形式的变化、建筑物的时代背景及其与生活文化之间的关系是非常重要的，这也是学习室内设计道路上的"捷径"。

本章我们将学习以下内容：

一、西方建筑史的全貌。

二、建筑的造型理论。建筑是反映时代精神的，与时代背景不可分割。

三、时代划分，主要以近代、现代（19世纪、20世纪）为重点。

1

古代与中世纪的历史

BC3000	古埃及统一国家建立		BC2640	萨卡拉金字塔
1500	克里特文明的黄金时代	埃及·东方·希腊	2600	吉萨金字塔
776	首届古代奥林匹克运动会			
AD72	罗马万神庙		447	帕提农神庙
79	庞贝古城淹没			

埃及建筑

建造了理想的、不朽不灭的纪念建筑。

杉木椅 BC1350（古埃及）

黄金扶手椅（古埃及）

折凳 BC1350（古埃及）

腰架凳 BC1450-1378（古埃及）

黄金床 BC1350（古埃及）

希腊建筑

将大理石巧妙运用于建筑结构。与当地风土民俗和谐，形式朴素。

多立克柱式
最古老最基本的柱式。见于帕提农神庙（雅典）。

爱奥尼亚柱式
柱头有涡卷，上有顶板，纤细而优雅。见于伊瑞克提翁神庙（雅典）。

科林斯柱式
柱形更细，有丰富的装饰，华丽纤巧。柱头围有两排叶饰。

罗马建筑

优质水泥的制作，发展了混凝土技术。建筑特点是有圆顶和拱门，非常人性化。

托斯卡纳柱式
简朴，无装饰

混合柱式
（科林斯式+爱奥尼亚式）

罗马柱式

基沃托斯储物凳 BC4C（古希腊）

克里斯姆斯靠背家庭主妇用的椅子（古希腊）

地夫罗斯凳（古希腊）

120	罗马竞技场
395	罗马帝国东西分裂
476	西罗马帝国灭亡

| 532 | 圣索菲亚大教堂 |
| 707 | 大马士革清真寺 |

拜占庭风格 3C～7C

伊斯兰风格 7C～17C

大理石御座（罗马时代）

青铜双人长凳与脚凳（罗马时代）

圣索菲亚大教堂外观

穹顶的直径为33m，从地面到屋顶高达55m。

马克西米御座（拜占庭风格6C）

伊斯兰建筑

建筑上禁止出现人类或动物的雕刻图案及绘画。装饰部分主要采用文字为主的阿拉伯花饰及抽象纹样。

特色是拥有各种各样的拱门

清真寺（伊斯兰教礼拜堂）
阿尔汗布拉宫（14C）
泰姬陵（17C，印度）

家具：出现朴素的木制箱子

拜占庭建筑

其特色是在古罗马的长方形大会堂上方加上圆顶，成为三角穹圆顶。主要材料是砖瓦，一般用薄石板或马赛克镶嵌饰面。

三角穹圆顶图例

962	神圣罗马帝国建立
1096	十字军东征
1093	达勒姆大教堂
1110	沃尔姆斯大教堂

罗马风格 11C～12C

年代	事件	风格
1215	大宪章	罗马风格 11C~12C
1220	亚眠大教堂 索尔兹伯里大教堂	
1248	科隆大教堂（~1880）	哥特风格 12C~16C
1386	米兰大教堂	
1420	佛罗伦萨大教堂穹顶	文艺复兴风格 15C~16C
1453	东罗马帝国灭亡	
1546	卢浮宫动工	巴洛克风格 17C
1585	圣彼得大教堂穹顶	
1675	圣保罗大教堂	洛可可风格 18C
1755	巴黎先贤祠	新古典主义风格 18C~19C
1789	法国革命	
1806	巴黎凯旋门	
1840	英国国会大厦	
1861	巴黎歌剧院	

风格分类：

巴洛克	• 路易十三世风格	• 詹姆士一世风格（英）
	• 路易十四世风格（法）	
	• 法国摄政风格	• 威廉·玛丽风格
洛可可	• 路易十五世风格	• 安娜女王风格
	• 新古典主义	• 奇彭代尔风格
		• 亚当风格
		• 赫普尔怀特风格
	• 法国执政内阁式风格	• 谢拉顿风格
		• 英国摄政风格
帝国	• 帝国风格	• 夏克式风格（美）
	↓	
新艺术派	• 新艺术派风格	• 美术工艺运动
		• 索耐特风格

巴洛克从1600年到1730年前后在西欧非常普遍的建筑样式。其原意为"不圆的、形状不规则的珍珠"，代表建筑设计中重视动感、节奏感、戏剧性的明暗效果等。室内装饰开始流行壁纸，戈布兰花式地毯开始出现。

罗马建筑

主要兴起于从11世纪到12世纪，罗马建筑其特点是厚墙、粗柱、半圆拱门、石材穹顶。

隧道形　交叉隧道形

石材穹顶图例

圣明尼亚托教堂正立面（1018-11世纪，佛罗伦萨）

彩色大理石的精美正立面。下层的古典圆柱及拱廊被认为是文艺复兴建筑的源头。

哥特建筑 → 强调垂直线。

12世纪中叶在法国得到发展。意大利是在15世纪初期开始兴起，一直延续到16世纪中叶，尚在其他国家所见。

特点：尖拱门、扇形肋穹顶 飞拱（flying buttress）

• 巴黎圣母院（法：1163~1235）
• 亚眠大教堂（法：1220~1288）
• 科隆大教堂（德：1248~1322，完成于19世纪）
• 米兰大教堂（意：1385~1485）

家具→通过在框架上插入薄板的技术使得大型家具的制造成为可能。

扇形肋穹顶　飞拱　备用窗　大型拱廊

哥特式建筑构成图例

阿方索五世宝座（15世纪后期：1470）

文艺复兴建筑

从15世纪到16世纪起源于意大利，渗透到全欧洲的古典主义建筑。其特点是强调比例和谐、简朴、强调水平线。

• 佛罗伦萨大教堂
• 圣彼得大教堂

扶手椅（17世纪前期）　**Caquetoire 扶手椅**（16世纪后期）法　**Savonarola 剪刀椅**（16世纪）意　**Dantesca 剪刀椅**（16世纪）意

洛可可建筑

从1730年到1770年前后的样式。主要以贝壳纹样为主要装饰。

扶手椅 意大利·巴洛克（17世纪后期）

蝴蝶椅 奇彭代尔制作（1775）　**墙角椅 赫普尔怀特风格（1795）**　**安娜女王风格（18世纪）**

3

近代建筑样式的确立

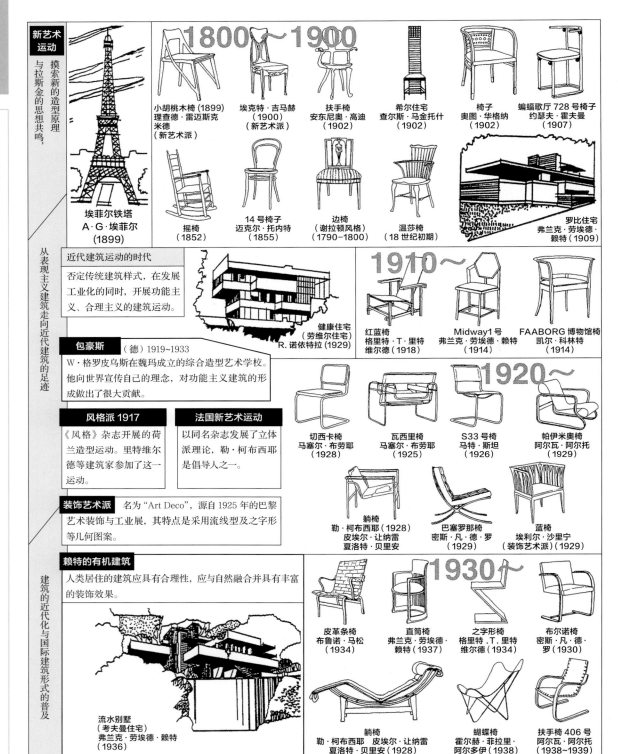

新艺术运动

摸索新的造型原理，与拉斯金的思想共鸣；

1800～1900

埃菲尔铁塔
A·G·埃菲尔
(1899)

小胡桃木椅 (1899)
理查德·雷迈斯克·米德
（新艺术派）

埃克特·吉马赫
(1900)
（新艺术派）

扶手椅
安东尼奥·高迪
(1902)

希尔住宅
查尔斯·马金托什
(1902)

椅子
奥图·华格纳
(1902)

蝙蝠歌厅 728 号椅子
约瑟夫·霍夫曼
(1907)

摇椅
(1852)

14 号椅子
迈克尔·托内特
(1855)

边椅
（谢拉顿风格）
(1790-1800)

温莎椅
(18 世纪初期)

罗比住宅
弗兰克·劳埃德·赖特 (1909)

从表现主义建筑走向近代建筑的足迹

近代建筑运动的时代

否定传统建筑样式，在发展工业化的同时，开展功能主义、合理主义的建筑运动。

1910～

健康住宅
（劳维尔住宅）
R. 诺依特拉 (1929)

红蓝椅
格里特·T·里特
维尔德 (1918)

Midway1 号
弗兰克·劳埃德·赖特
(1914)

FAABORG 博物馆椅
凯尔·科林特
(1914)

包豪斯 （德）1919~1933

W·格罗皮乌斯在魏玛成立的综合造型艺术学校。他向世界宣传自己的理念，对功能主义建筑的形成做出了很大贡献。

1920～

风格派 1917

《风格》杂志开展的荷兰造型运动。里特维尔德等建筑家参加了这一运动。

法国新艺术运动

以同名杂志发展了立体派理论，勒·柯布西耶是倡导人之一。

切西卡椅
马塞尔·布劳耶
(1928)

瓦西里椅
马塞尔·布劳耶
(1925)

S33 号椅
马特·斯坦
(1926)

帕伊米奥椅
阿尔瓦·阿尔托
(1929)

装饰艺术派 名为 "Art Deco"，源自 1925 年的巴黎艺术装饰与工业展，其特点是采用流线型及之字形等几何图案。

躺椅
勒·柯布西耶 (1928)
皮埃尔·让纳雷
夏洛特·贝里安

巴塞罗那椅
密斯·凡·德·罗
(1929)

蓝椅
埃利尔·沙里宁
（装饰艺术派）(1929)

建筑的近代化与国际建筑形式的普及

赖特的有机建筑

人类居住的建筑应具有合理性，应与自然融合并具有丰富的装饰效果。

1930～

流水别墅
（考夫曼住宅）
弗兰克·劳埃德·赖特
(1936)

皮革条椅
布鲁诺·马松
(1934)

直筒椅
弗兰克·劳埃德·赖特
(1937)

之字形椅
格里特·T·里特
维尔德 (1934)

布尔诺椅
密斯·凡·德·罗 (1930)

躺椅
勒·柯布西耶 皮埃尔·让纳雷
夏洛特·贝里安 (1928)

蝴蝶椅
霍尔赫·菲拉里
阿尔多伊 (1938)

扶手椅 406 号
阿尔瓦·阿尔托
(1938~1939)

城市文明的进展与建筑的高层化和复杂化

产业发展与设计的国际交流

第二次世界大战以后，特别是丹麦家具给二十世纪50年代的家具设计带来了极大的影响。韦格纳及雅各布森的设计，以其精湛的制作技术与崭新的造型艺术吸引了人们的眼光。设计的历史为未来指出了新的方向。

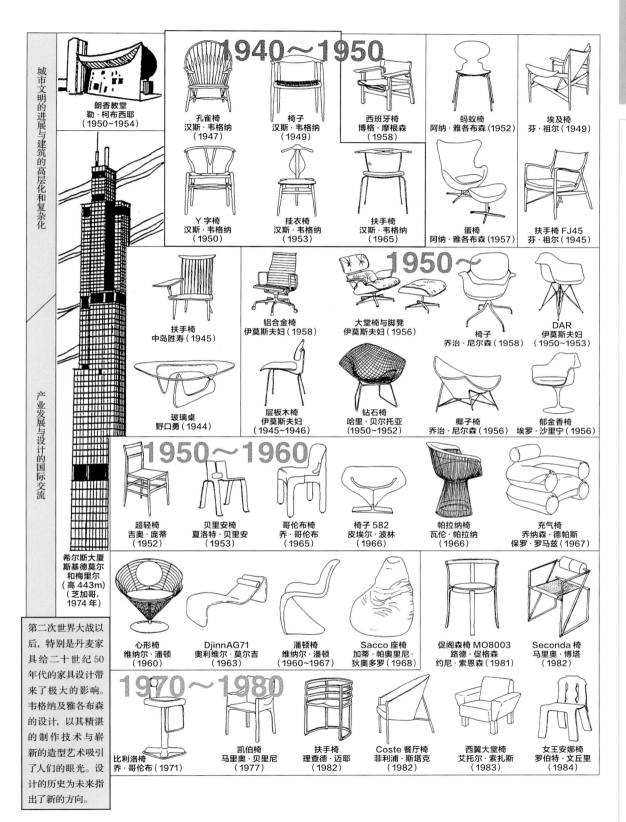

朗香教堂
勒·柯布西耶
（1950~1954）

希尔斯大厦
斯基德莫尔和梅里尔
（高443m）
（芝加哥，1974年）

1940~1950

孔雀椅
汉斯·韦格纳
（1947）

椅子
汉斯·韦格纳
（1949）

西班牙椅
博格·摩根森
（1958）

蚂蚁椅
阿纳·雅各布森（1952）

埃及椅
芬·祖尔（1949）

Y字椅
汉斯·韦格纳
（1950）

挂衣椅
汉斯·韦格纳
（1953）

扶手椅
汉斯·韦格纳
（1965）

蛋椅
阿纳·雅各布森（1957）

扶手椅 FJ45
芬·祖尔（1945）

1950~

扶手椅
中岛胜寿（1945）

铝合金椅
伊莫斯夫妇（1958）

大堂椅与脚凳
伊莫斯夫妇（1956）

椅子
乔治·尼尔森（1958）

DAR
伊莫斯夫妇
（1950~1953）

玻璃桌
野口勇（1944）

层板木椅
伊莫斯夫妇
（1945~1946）

钻石椅
哈里·贝尔托亚
（1950~1952）

椰子椅
乔治·尼尔森（1956）

郁金香椅
埃罗·沙里宁（1956）

1950~1960

超轻椅
吉奥·庞蒂
（1952）

贝里安椅
夏洛特·贝里安
（1953）

哥伦布椅
乔·哥伦布
（1965）

椅子 582
皮埃尔·波林
（1966）

帕拉纳椅
瓦伦·帕拉纳
（1966）

充气椅
乔纳森·德帕斯
保罗·罗马兹（1967）

心形椅
维纳尔·潘顿
（1960）

DjinnAG71
奥利维尔·莫尔吉
（1963）

潘顿椅
维纳尔·潘顿
（1960~1967）

Sacco 座椅
加蒂·帕奥里尼·狄奥多罗（1968）

促阁森椅 MO8003
路德·促格森
约尼·索恩森（1981）

Seconda 椅
马里奥·博塔
（1982）

1970~1980

比利洛椅
乔·哥伦布（1971）

凯伯椅
马里奥·贝里尼
（1977）

扶手椅
理查德·迈耶
（1982）

Coste 餐厅椅
菲利浦·斯塔克
（1982）

西翼大堂椅
艾尔尔·索扎斯
（1983）

女王安娜椅
罗伯特·文丘里
（1984）

重点知识填空-1

关键词

❶ 中世纪的【1】风格是直线形的，表情严肃，如圣马可修道院（佛罗伦萨）。【2】风格则具有拱状天花板，墙壁很厚，窗户很小，如用湿壁画装饰的比萨大教堂。

❷【3】风格强调了垂直线，采用叶饰、尖拱、飞拱等，如巴黎圣母院（法国）。

❸【4】风格具有重生、复兴的意义，强调水平线和对称，如佛罗伦萨大教堂。

❹ 在丹麦，继承了手工艺木制家具的传统，使家具给人带来温暖舒适的设计师层出不穷。代表人物有【5】，因他设计的"Y字椅"和"孔雀椅"而闻名于世。

❺ 十九世纪后期，以【6】为中心人物兴起的手工艺运动，对之后的设计运动产生了极大的影响。

❻ 在十九世纪后期的美国，以芝加哥为首的城市里开始建起了高楼大厦。芝加哥派的中心人物是【7】，他给世间留下了"行驶服从功能"的名言。

❼【8】是尝试将形式和色彩做到彻底单一的风格派成员，他因作品"红蓝椅"和"施罗德住宅"而闻名。

❽ 1925年，在巴黎举办了以几何图案为特点的装饰展览会，这时的装饰倾向，一般被称为【9】风格或1925年风格。

❾ 在马赛建成的"马赛公寓大楼"，是【10】设计的集合住宅，应用了他自己创造的尺寸体系"模度"。

❿ 美国建筑家【11】除了在TWA机场大楼的建筑设计上十分著名以外，还因使用强化玻璃和铝合金制成的优美造型的"郁金香椅"而闻名。

⓫ 从包豪斯毕业后，留校指导家具设计的【12】所设计的钢制椅子非常著名，为发展现代设计做出了极大贡献。

1：拜占庭

2：罗马

3：哥特

4：文艺复兴

5：汉斯·韦格纳

6：威廉·莫里斯

7：路易斯·沙利文

8：格里特·托马斯·里特维尔德

9：装饰艺术派

10：勒·柯布西耶

11：埃罗·沙里宁

12：马歇·布劳耶

室内设计的规划

学习重点

人类为了抵挡自然界的威胁和外敌侵入，用牢固的地板、墙壁、天花板等构件制作了建筑。而在建筑空间内部生活的人类，同时需要室内构件达到使用方便、功能性齐全和满足精神性需求的目的。因此，室内设计既与建筑有着密不可分的联系，又具有需要独立计划的一面。

本章我们将学习以下内容：
一、室内设计的规划，既需要规划空间，又需要规划生活。
二、室内设计应该满足生活在里面的人对功能的需求，功能应该是合适、妥当、有计划地反映在室内设计中的。
三、室内设计应该随着居住者的成长而有所变化，同时它也需要维护和管理。

注）本书中的尺寸数字单位一律为毫米（mm）。

1

空间与尺寸的设计

■ 空间规划 ■

　　人类生活在室内空间里，是以人的五官以及对温度的感觉、运动时的感觉来了解室内空间的规模、形状和质感的。室内空间的规划，就是要通过创造刺激人的这些感觉器官，让人感到舒适与便利。

　　通过室内装饰的搭配而完成的综合性室内空间，应该有阳光、有微风、有花香、有形状、有颜色，同时可以通过艺术手法创造艺术氛围，让人心灵积极向上。在解决这些感觉和心灵方面问题的同时，首先需要仔细计划好物理空间性能（热、声、光），让室内具备舒适、健康及安全等基本功能。

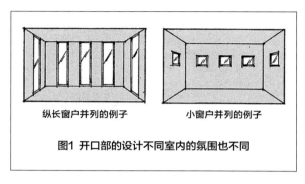

纵长窗户并列的例子　　　小窗户并列的例子

图1 开口部的设计不同室内的氛围也不同

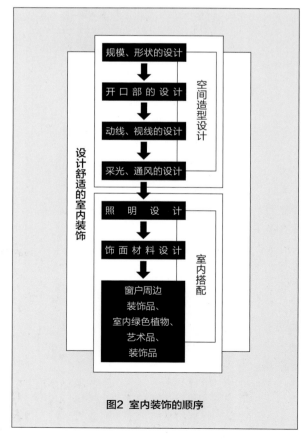

图2 室内装饰的顺序

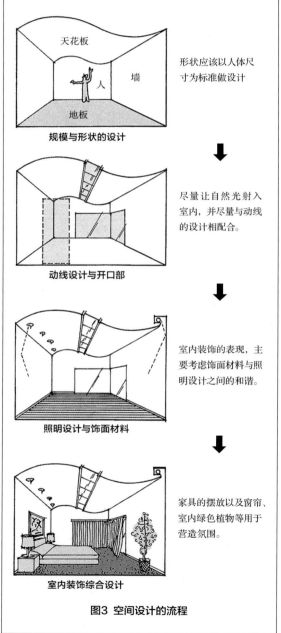

形状应该以人体尺寸为标准做设计

规模与形状的设计

↓

尽量让自然光射入室内，并尽量与动线的设计相配合。

动线设计与开口部

↓

室内装饰的表现，主要考虑饰面材料与照明设计之间的和谐。

照明设计与饰面材料

↓

家具的摆放以及窗帘、室内绿色植物等用于营造氛围。

室内装饰综合设计

图3 空间设计的流程

■ 尺寸标准 ■

住宅不仅仅是包容人类生活的容器，因此在室内的物理性设计方面，其使用要足够方便，因此尺寸就显得特别重要。

室内和家具的设计中用到的尺寸如下图所示。这一节我们针对建筑模板与材料的尺寸关系，以榻榻米尺寸（3尺×6尺）为例进行说明。

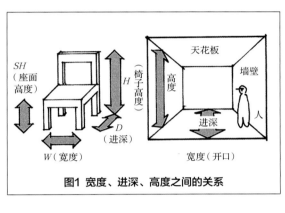

图1 宽度、进深、高度之间的关系

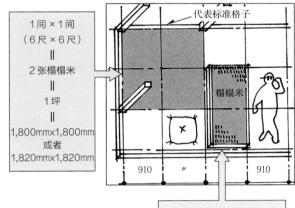

1间×1间
（6尺×6尺）
＝
2张榻榻米
＝
1坪
＝
1,800mm×1,800mm
或者
1,820mm×1,820mm

1张榻榻米的大小＝
3尺×6尺
3尺≈（约换算成）
900mm 或 910mm，
现代以 910mm 为多。

图2 室内尺寸模板

表1 建筑模板的尺寸 （单位：mm）

10	100	1,000	10,000		225	2,250		50	500	5,000
		1,080			240	2,400			540	5,400
		1,120		25	250	2,500			560	5,600
	120	1,200			270	2,700				5,760
	125	1,250			280	2,800		60	600	6,000
	135	1,350				2,880			640	6,400
	140	1,400		30	300	3,000			675	6,750
		1,440			320	3,200		70	700	7,000
15	150	1,500		35	350	3,500			720	7,200
	160	1,600			360	3,600		75	750	7,500
	175	1,750			375	3,750		80	800	8,000
	180	1,800		40	400	4,000				8,640
		1,920				4,320			875	8,750
20	200	2,000		45	450	4,500		90	900	9,000
		2,160			480	4,800			960	9,600

注）模板指的是为了建筑生产标准化、合理化所决定的标准尺寸的集合。

（资料：亚洲建筑学会制定）

表2 榻榻米成品尺寸（JIS） （单位：mm）

	长	宽	厚	备 注
公尺间	1,920	960		主要使用第1种榻榻米地板
京 间	1,910	955	53	主要使用第2种榻榻米地板
中京间	1,820	910		
田舍间	1,760	880		主要使用第3种榻榻米地板

榻榻米的尺寸（3尺×6尺）是住宅设计手法中非常重要的一个尺寸标准，而且绘制平面图的时候也被用作标准网格线。

"田舍间"是日本关东地区的民间住房主要使用的一种标准尺寸，柱心与柱心之间的距离为6尺时（叫作一间），就是在此间铺设的榻榻米大小的意思。"京间"是日本京都地区主要使用的尺寸。

■ 室内的性能与条件 ■

为了在室内安全且舒适地生活，室内设计需要符合各种各样的条件，从性能方面设计室内装饰是很重要的。

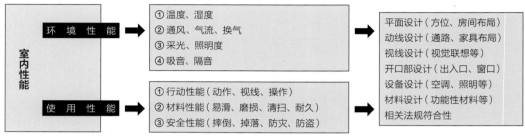

图1 室内装饰材料与设计的性能

1. 环境性能设计

设计舒适的室内需要仔细考虑自然环境条件及使用的方便性、居住的舒适度。在温度、湿度、气流、换气等方面都要设计到位。

图2 舒适的室内条件

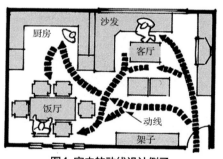

通气：低窗与高窗

采光：高位光源（天窗）

图3 居室通气与采光的例子

2. 行动性能设计

在室内的行动或使用是否方便，与家具的布局设计有关，为此，室内的动线设计一定要认真考虑好。

图4 室内的动线设计例子

3. 视线设计

进入视线的都有什么，希望让什么进入人的视线，都是室内装饰中需要参考的重要因素。

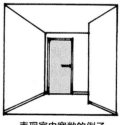

表现室内宽敞的例子

通过窗户表现室内明亮的例子

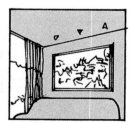

通过窗户和绘画表现室内舒适的例子

图5 人的动作与视线的设计

■ 安全规划 ■

幼儿因攀登露台扶手而从高楼坠落、老人因在浴室跌倒而骨折、因踩楼梯时踩空滚落而发生的扭伤或骨折等，这些事故在日常生活中时有发生，设计师在安全规划中要考虑如何避免这些日常事故的发生。

为防止在上下楼梯时摔倒，可以在设计时考虑安装扶手及楼梯平台，脚踏板前安装防滑板等措施。

在走廊一侧，为了防止行走中的人被突然打开的门撞到，原则上门应该向内侧打开。

还有针对地震等自然灾害的安全规划，可以采取措施防止家具倒落、灯具掉落。

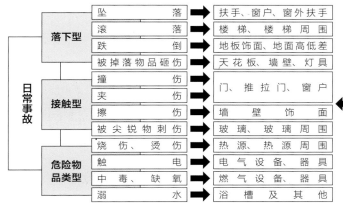

图1 日常事故的种类

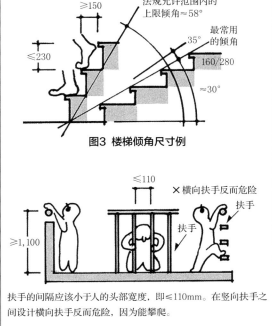

图3 楼梯倾角尺寸例

图4 扶手的尺寸例

扶手的间隔应该小于人的头部宽度，即≤110mm。在竖向扶手之间设计横向扶手反而危险，因为能攀爬。

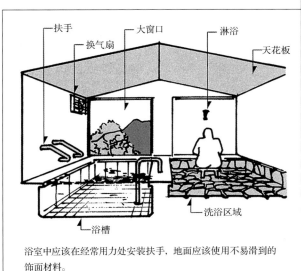

浴室中应该在经常用力处安装扶手，地面应该使用不易滑到的饰面材料。

图2 老年人专用浴室的例子

住宅中各个房间的设计

■ 客厅 ■

客厅是家人聚集、休息、欢度时光的空间。每个家庭的生活形式不同，家具的布局也随之不同，但大多数的布局是以暖炉或视听设备为中心，周围摆上沙发或茶几的形式。设计的时候要以方便家人交流为核心去展开。

不同户型的客厅设计也不同，有的户型是独立客厅，有的是与饭厅连成一体的。

同时还要考虑的一个重点就是家人聚集空间的照明设计。除了吸顶灯、枝形吊灯这类能够均匀照亮整个房间的灯具之外，也可以采用壁灯、筒灯、落地灯、台灯等多种局部照明灯具，以不同的光源变化丰富客厅的表情。

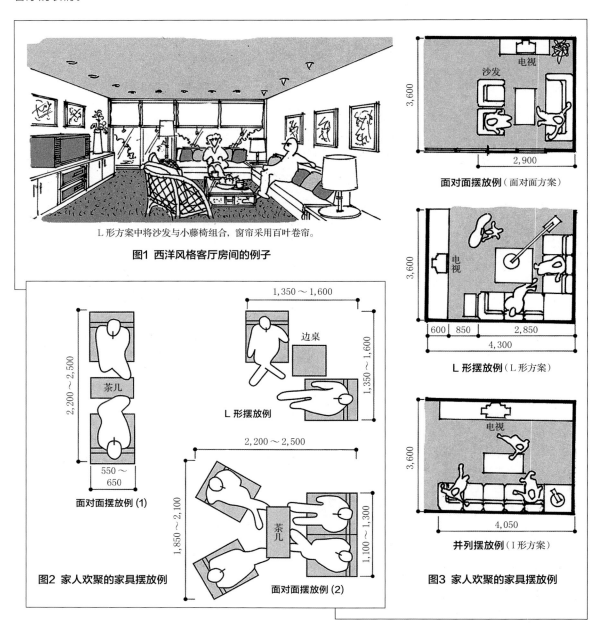

L 形方案中将沙发与小藤椅组合，窗帘采用百叶卷帘。

图1 西洋风格客厅房间的例子

面对面摆放例（面对面方案）

L 形摆放例（L 形方案）

并列摆放例（I 形方案）

面对面摆放例 (1)

L 形摆放例

面对面摆放例 (2)

图2 家人欢聚的家具摆放例

图3 家人欢聚的家具摆放例

■饭厅■

　　饭厅是家人聚在一起用餐、聊天、放松的地方，也是住宅空间的中心部分。要考虑餐桌、餐椅、柜橱的位置，还要考虑做饭、上菜及用餐服务、餐后清理的动线。饭厅不仅与厨房之间的关系很重要，和客厅之间的关系也很重要。

　　厨房与饭厅一体的户型中，动线比较短，可以将功能性设计得强一些。客厅与饭厅一体的户型中，可以从视觉上和氛围上设计得更舒适一些。

　　考虑照明设计时，大多采用在餐桌上方安装吊灯的方法，或者采用在天花板内埋筒灯的方法。

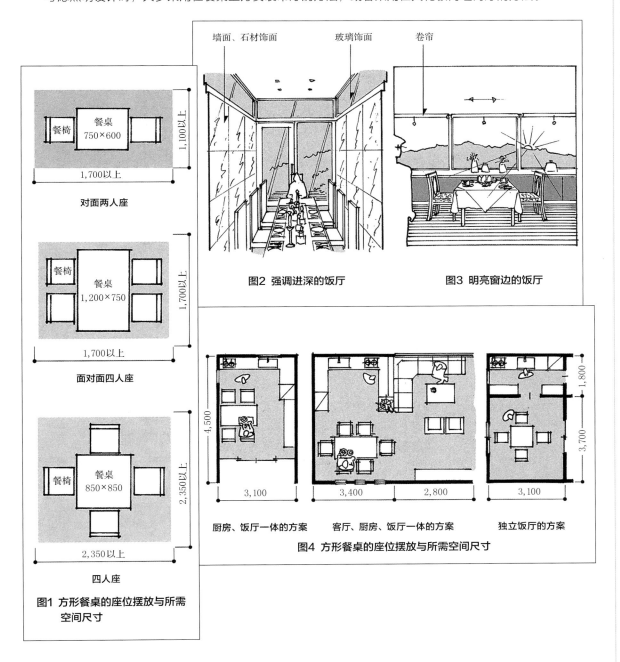

图2 强调进深的饭厅　　图3 明亮窗边的饭厅

图4 方形餐桌的座位摆放与所需空间尺寸

图1 方形餐桌的座位摆放与所需空间尺寸

■ 主卧室 ■

主卧室指的是夫妻两人的卧室，需要高度的私密性，设计时要考虑门、窗的位置以及隔音、防音的问题。卧室的设计除了睡觉的功能以外还会涉及更衣、化妆、浴室、洗手间等功能。

储物方面主要考虑衣柜或步入式衣帽间等，在饰面材料的选择上，以温暖、柔和的材料为主。

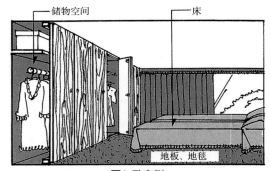
图1 卧室例

图2 床以及需要预留的尺寸例（mm）

■ 儿童房 ■

由于儿童是不断成长的，儿童房也应随着儿童的成长而改变，可以用家具或隔断等来应对变化。从孩子上小学开始，就有了与父母及兄弟姐妹不同的作息时间；上中学后，性别上的区别变得明显；上高中后为了学习和准备考试居住的空间私密性要求开始变高；走上社会以后，兴趣及工作相关的储物和设备都会增加。所以要综合考虑以上的情况做设计。

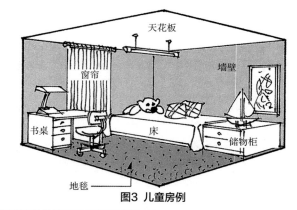
图3 儿童房例

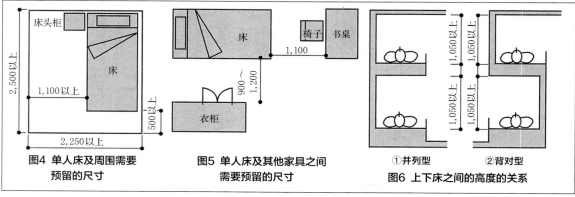
图4 单人床及周围需要预留的尺寸　图5 单人床及其他家具之间需要预留的尺寸　图6 上下床之间的高度的关系

图1 半岛式开放厨房

■ 厨房、家务室 ■

厨房是做菜，上菜，清理、储存食物和厨具的空间。需要有流畅的、合理的行为动线设计。家务室 是洗衣、烘干衣物、整理衣物、料理家务、管理家庭信息的空间。

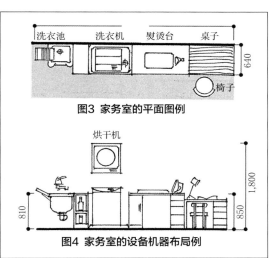

图3 家务室的平面图例

图4 家务室的设备机器布局例

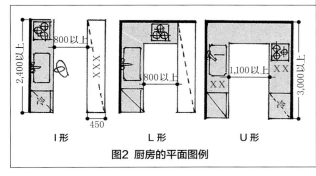

图2 厨房的平面图例

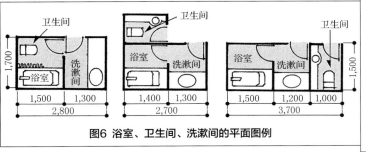

图5 宽敞的浴室和洗脸室

■ 浴室、洗漱间等 ■

这里是管理健康和卫生的空间。例如在湿度较高的地区，每天都需要洗脸、洗头、洗澡，这也是人们每天乐于去做的事情。这部分空间的设计既要保证我们的健康和卫生，也要营造可以让人安静、放松的环境。

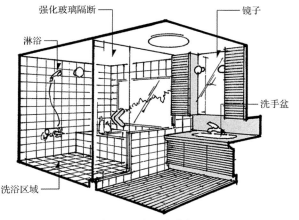

图6 浴室、卫生间、洗漱间的平面图例

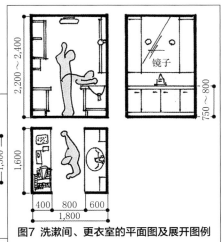

图7 洗漱间、更衣室的平面图及展开图例

住宅中各个房间的设计

23

■卫生间（厕所）■

住宅中私密性最高的空间就是卫生间。卫生间也是逃避喧嚣、适于冥想的场所，因此，需要完善卫生、换气、照明等设备，形成一处清洁而舒适的空间。排气扇可以安装在排气管道（天花板上方）中，也可以埋在墙壁中，现在多采用带计时开关的产品。

由于空间窄小，门向内侧开时容易发生事故，原则上应该向外开。

安装大型洗手盆与镜子可以使卫生间同时作为化妆室。

安装了储物柜、装饰架、小型洗手盆的例子。

图1 卫生间的平面图例

轮椅卫生间方案　带洗手台方案　带洗手水箱方案

图2 卫生间的设计例

■走廊、楼梯■

走廊或楼梯都是住宅中通行或移动的空间，要在满足通行功能的同时，做出让人感到愉悦的设计。

走廊的形式包括回廊、外廊、中廊、厅式走廊等。

楼梯的设计要特别注意安全，倾角以在35°以下为宜，台阶要使用防滑材料。

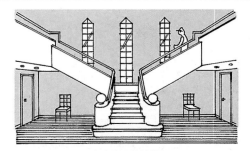

左右连通的楼梯

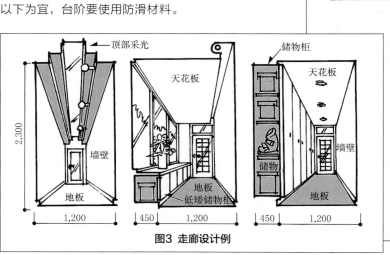

图3 走廊设计例

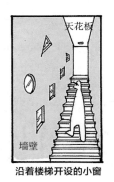

沿着楼梯开设的小窗

图4 楼梯设计例

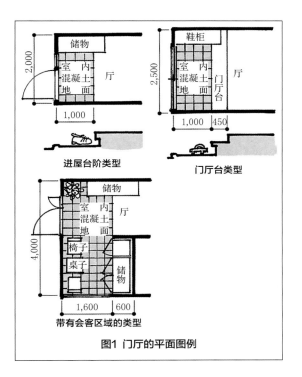

进屋台阶类型

门厅台类型

带有会客区域的类型

图1 门厅的平面图例

■ 门厅 ■

门厅是居住者与外界之间互相接触的区域，也是表现居住者个性的地方。

规模、样式、饰面材料、装饰等方面都需要有个性设计。雨水较多的地区，门厅需要设计遮雨檐（挑檐）。有些地区因为要脱鞋进屋，还需要设计室内混凝土地面部分和进屋台阶，有时还需要设计门厅台（走上一阶的地板）。

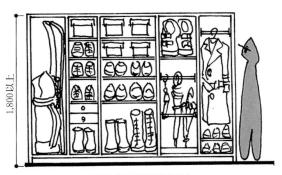

图2 门厅的储物柜例

■ 老年人的房间 ■

老年人主要指65岁以上的人群。在为他们设计生活环境时需要去除物理性障碍，也就是进行无障碍设计，这主要包括以下几个方面：

一、尽量避免容易绊倒的脚尖接触到的任何凹凸不平的面。

二、为了使轮椅更方便行动，室内没有任何高低差。

三、为了两脚平行移动起来方便，加宽走廊。

四、楼梯、浴室、走廊等处安装扶手等。

随着年龄的增加，储物也会增多，可以设计一个满面墙的柜架。

图3 老年夫妇的客厅室内设计例

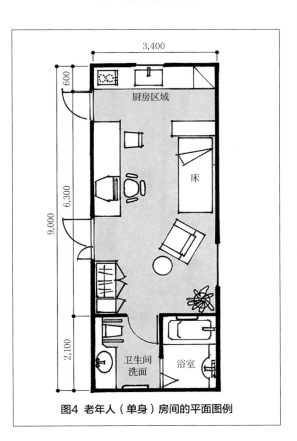

图4 老年人（单身）房间的平面图例

■装修规划■

随着孩子的成长，需要对儿童室进行改造，有时也需要增加或改造老年人的房间等，伴随生活者的成长总是会有重新装修室内的需要。

地板、墙壁、天花板变脏或损坏需要修理或更换时，这部分的施工还算简单，但设备的更换就没有那么简单，需要事先调查管道、线路、容量等。还有，如果需要变更户型或需要开辟新的窗口或门，这类施工还会涉及建筑的结构部分，因此，能改动的和不能改动的地方都需要事先做好调查。

装修的类型	
① 构件材料、构件、建材的更新	饰面材料 厨房 浴槽
② 提高或更新居住性能	冷暖气 隔音、采光、照明 储物
③ 户型变更、房间增盖	儿童室、老人室 视听室、音乐室 阳光房

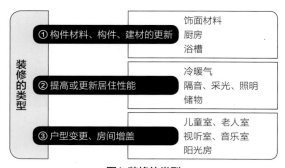

图1 装修的类型

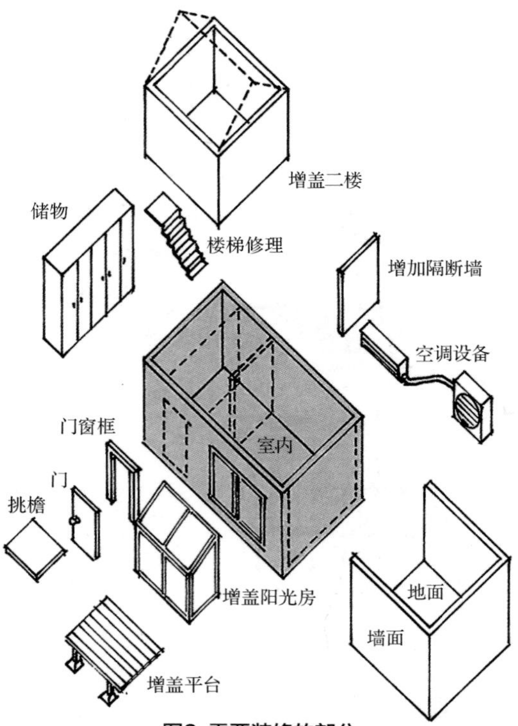

图2 需要装修的部分

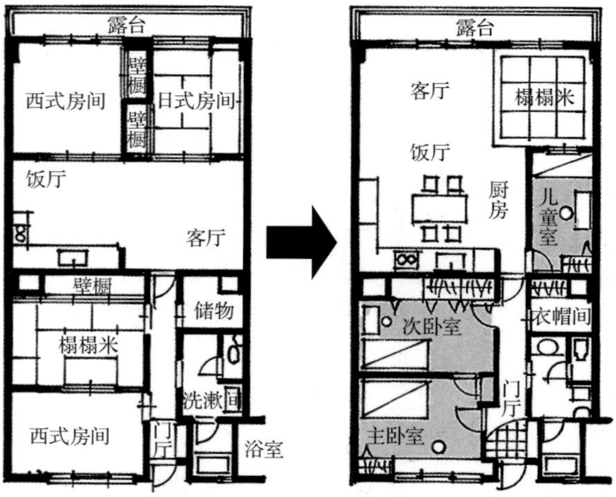

图3 公寓装修的平面图例

装修要求

① 把日式房间改造成西式房间（宽 4 间）。

② 把厨房、饭厅、客厅合成一个房间。

③ 把西式房间改造成书房。

室内装修

① 南侧的日式房间做成榻榻米，以扩大厨房、饭厅、客厅（简称 LDK）的面积。

② 原厨房和饭厅的一侧，改造成书斋式房间。

③ LDK 保证了最宽敞的设计原则。

公寓（集合住宅）的装修，需要根据划分规定或物业管理规定，事先确认公共部分与所有者的专有部分。

施工时，需要向物业申请，根据物业的规定办理相关手续。

还应注意施工伴随的噪音及扬尘给周围造成的影响。

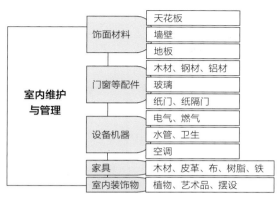

图1 室内维护与管理的条件

■ 维护管理规划 ■

室内需要日常的维护与管理，以保持居住空间维持舒适状态，并避免设备的功能降低。

维护与管理的一部分工作需要居住者的努力。日常清扫、整理、换灯泡、每周一次清洗浴室地砖及墙砖、每年一次的大扫除等都属于这一范围。

还有一部分工作是需要专业保洁公司负责的，如供排水道的清洗、壁纸更换、地毯清洁等。大规模的清洁工作交给专业公司做会更好一些。

图2 日常维护管理

表1 修理与装修的循环日程表（以标准的独立住宅为例）

位置	修理位置与修理内容		修理循环日程（年） 1 2 3 4 5 6 7 8 9 10 11 12 13 14 15 16 17 18 19 20 21 22 23 24 25 26 27 28 29 30
屋顶、屋顶外侧、外墙	瓦（黏土瓦、水泥瓦）	修理●/重涂更换▲	▲ ● ▲ ● ▲ ※ ▲ ● ▲ ● ▲ ※
	屋顶生锈部分、雨水管道	修理●/重涂更换▲	● ▲ ● ▲ ● ※ ● ▲ ● ▲ ● ※
	封檐板、木板套窗、门窗箱、窗框	防护剂填充●/重涂更换▲	● ● ● ● ● ※ ● ● ● ● ● ※
	地基部分的龟裂	龟裂修理	● ● ● ● ● ●
	砂浆、搔痕饰面、石灰粉刷、喷涂饰面	龟裂修理●/部分重涂更换、重喷▲	● ▲ ● ▲ ● ※ ● ▲ ● ▲ ● ※
室内	木地板	部分修理	● ● ● ※
	地板龙骨	部分修理	● ● ※
	木质的墙壁及天花板（饰面胶合板、单层木板等）	部分修理●/重涂更换▲	● ▲ ● ▲ ※ ● ▲ ● ※
用水处	厨房、浴室、卫生间的地板（龙骨及各种地板材料）	防锈处理●/重涂更换▲	● ● ● ● ● ▲ ● ● ● ● ▲
		修理、重铺龙骨	● ● ※ ●
	同上的墙壁、天花板	换壁纸	● ● ● ● ●
	供排水管道、各种设备机器	修理、清扫	● ● ● ● ●
外围	遮雨檐廊	修理●/重涂更换▲	▲ ● ▲ ● ▲ ※ ▲ ● ▲ ● ▲ ※
	阳台、露台	修理●/重涂更换▲	▲ ● ▲ ● ▲ ※ ▲ ● ▲ ● ▲ ※
	大门、栅栏（木制）	重涂更换▲	▲ ▲ ▲ ▲ ▲ ▲ ▲ ▲ ▲ ▲

注）●：修理、维修时期 ※：大规模修理、维修时期

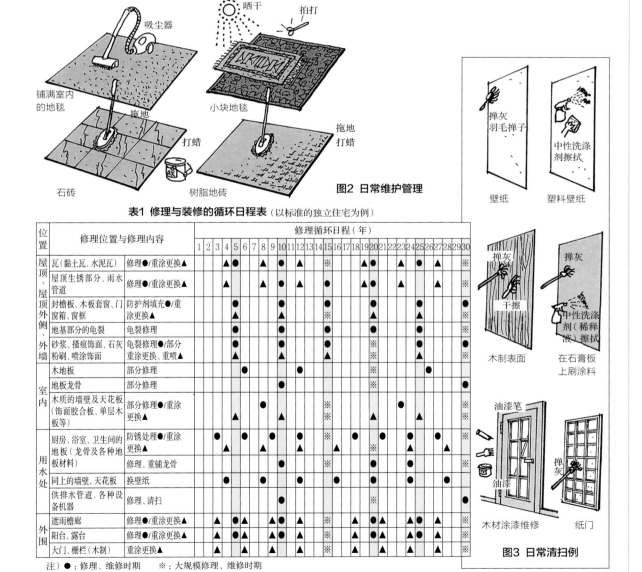

图3 日常清扫例

重点知识填空-2

❶【1】指的是记载了木建筑中的木构件尺寸和比例的清单，在决定与建筑之间的符合程度的同时，起到调整尺寸的作用。

❷ 生活空间的【2】根据在空间做出何种生活行为来决定。要让空间具备一定的功能，就要正确选择和布局在此空间里的生活行为所需的设备、家具、工具等。同时空间的大小和形状都应该合适。

❸ 集合住宅中，每家住户可以自由使用的部分仅限于住户专用部分。如果与邻居共有一个界限的承重墙及露台等，虽然属于【3】部分，但所有人不能随意改动。

❹ 集合住宅的楼梯间，对确保每家住户的采光、通风、私密性等都能起到一定的作用，也可以减少【4】。但是高层住宅中会减少电梯间的利用效率，通常会将公共空间设计在中层住宅中。

❺ 复式公寓与单层公寓相比，室内的空间变化更丰富，但也会因为设计方案在私密性和开口位置方面对人们居住性有【5】的影响，所以一般运用在小规模住宅中。

❻ 住宅性能评价中的保温性，以【6】（室内外温差为1°C时，每平方米建筑面积每小时的热量损失）来表示。住宅的密封性，则以室内外具有一定气压差时漏出的空气量来决定。

❼ 厨房的平面规划中，连接水槽、燃气灶、冰箱的三大操作距离叫作"Work triangle"，将这一【7】设计均衡很重要。

❽ 为轮椅行走设计的斜坡倾角虽然在建筑标准法中没有特别规定，但最大应该不超过【8】。轮椅在平面所需的标准空间大小一般在【9】的范围左右。

❾ 轮椅直行的走廊宽度应该在【10】以上。轮椅旋转所需平面大小，最小也应该保证在【11】左右。

❿ 家里供五个人使用的餐桌大小，最小也应该有【12】左右，餐桌高度一般为【13】。另外，坐在餐椅上的成人的水平视线高度应该在【14】左右。

⓫ 墙上的灯具开关的高度一般在从地面到开关中心位置的【15】左右，给老年人或身障人士用的比这个高度低些更好。单开门的把手高度一般约为【16】，还有一般纸隔门的手拉环的标准高度是离开榻榻米地面大约【17】左右。

⓬ 增建及室内装修、购买建材、维护管理到垃圾处理为止的室内装修需要花费的所有费用叫作【18】。

⓭ 在进行室内设计的操作软件中，以绘制图纸为主的【19】软件和通常叫作【20】的图像处理软件已经得到普及。

关键词
1：木工法式清单
2：功能
3：专用
4：公用通道面积
5：不利
6：热损失系数
7：动线
8：1/12
9：120×70mm
10：85mm
11：150×150mm
12：80×150mm
13：68~72mm
14：110~120mm
15：120cm
16：90cm
17：80cm
18：Life cycle cost（生命周期成本）
19：CAD
20：CG

家具与人体工程学

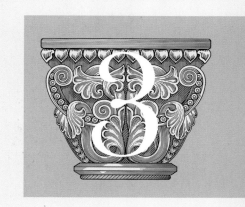

学习重点

人体工程学是一门主要通过各种作业动作了解人体作业能力和界限，以便在设计上符合人类生理和心理上各种特性的"科学"。就像人类使用工具或机器是为了作业更方便而制作的一样，室内设计也要做出相关的考虑。

而且，人体工程学知识在制定综合性计划时，能提供准确的资料，成为设计的基础资料。

本章我们将学习以下内容：

一、了解人体的尺寸。

二、了解人体的动作姿势和动态尺寸，并与各种相关作业联系在一起进行体会。

三、在家具和室内设计中，学习相关运用人体工程学知识的方法。

人体尺寸是在理解人体工程学的思维方式时
最基础的资料。人体尺寸包括静态尺寸和动态尺
寸两大部分（参见图1）。

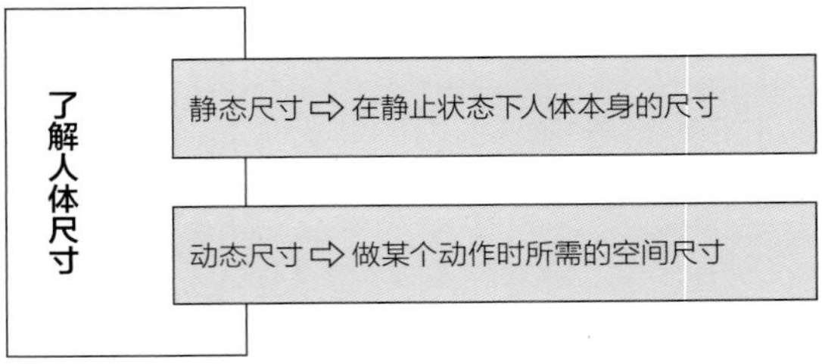

了解人体尺寸

静态尺寸 ⇨ 在静止状态下人体本身的尺寸

动态尺寸 ⇨ 做某个动作时所需的空间尺寸

图1 人体工程学的基本思维方式

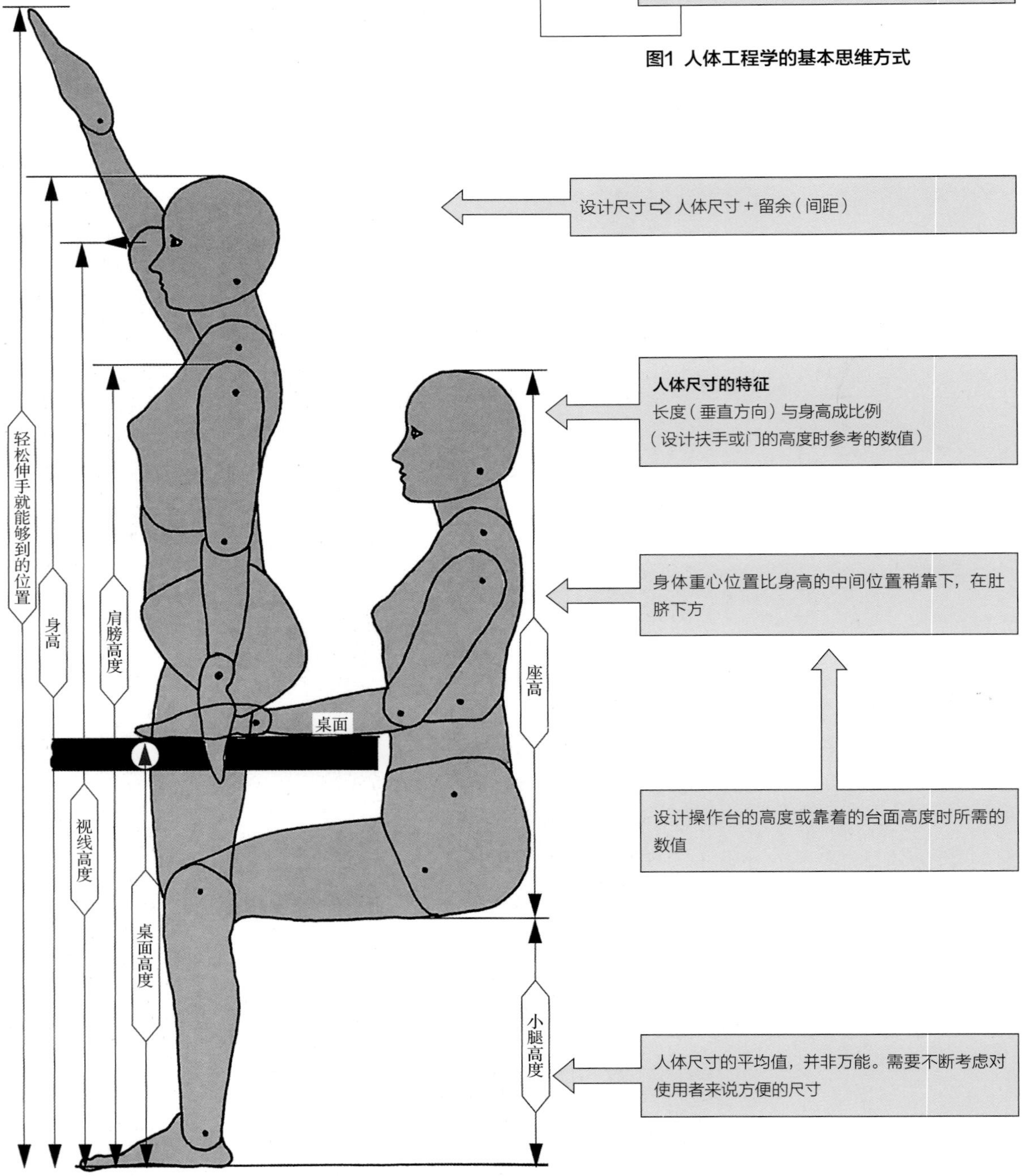

设计尺寸 ⇨ 人体尺寸 + 留余（间距）

人体尺寸的特征
长度（垂直方向）与身高成比例
（设计扶手或门的高度时参考的数值）

身体重心位置比身高的中间位置稍靠下，在肚
脐下方

设计操作台的高度或靠着的台面高度时所需的
数值

人体尺寸的平均值，并非万能。需要不断考虑对
使用者来说方便的尺寸

轻松伸手就能够到的位置 / 身高 / 肩膀高度 / 视线高度 / 桌面高度 / 小腿高度 / 座高 / 桌面

图2 了解人体与各部位高度的名称

我们在日常生活中以各种各样的姿势活动。为了生活做出"必需的动作"，动作需要"必需的空间"，这就是为了生活所需要的空间大小（也就是室内空间）。那么必需的动作姿势大致可以分为以下几种：

① 站 （立姿）

② 坐 （椅子上的坐姿）

③ 席地而坐 （地面上的坐姿）

④ 躺 （卧姿）

图1 人的动作与作业域的考察

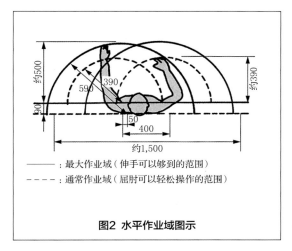

——— ：最大作业域（伸手可以够到的范围）

- - - - ：通常作业域（屈肘可以轻松操作的范围）

图2 水平作业域图示

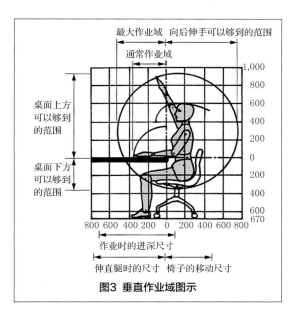

图3 垂直作业域图示

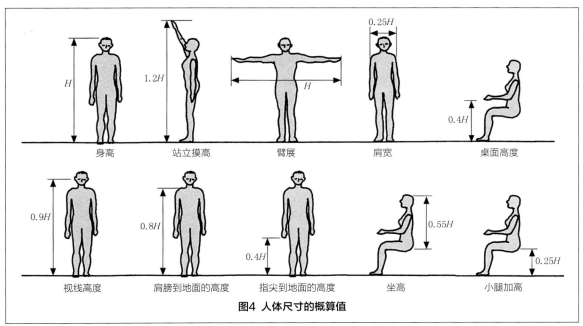

图4 人体尺寸的概算值

■ 坐姿与椅子 ■

传统制作家具的思维方式，由于人体工程学的开发和研究有了极大的改变。这是因为通过对人体工程学的研究，我们了解到，人类本来的"站姿"很自然，"坐姿"则会引起诸多的健康问题。

为了保持站立姿势，人体的脊椎呈S形弯曲，以便让上身不会承受过多的压力。但是人处于坐姿时，骨盆与脊椎之间的关系使得脊椎无法保持S形，让人感到难受和疲劳。能够防止这种疲劳的工具，就是基于人体工程学设计的椅子。

这里我们以坐在椅子上的静止状态的支撑面为代表性原型，来学习以下基础词汇。

1. 座位标准点

坐姿尺寸的原点是坐骨节点，这一节点叫作座位标准点。功能性的尺寸显示的都是到达这一节点的距离。

2. 靠背支撑点

靠背支撑点是办公椅中支撑上半身的压力中心点，也叫背部标准点。

3. 桌椅高度差

桌子的高度，比起从地面到桌面的高度，座椅面到桌面的高度更重要，这一距离叫作桌椅高度差。桌椅高度差应在27~30cm的范围内，根据用途可稍做调整。

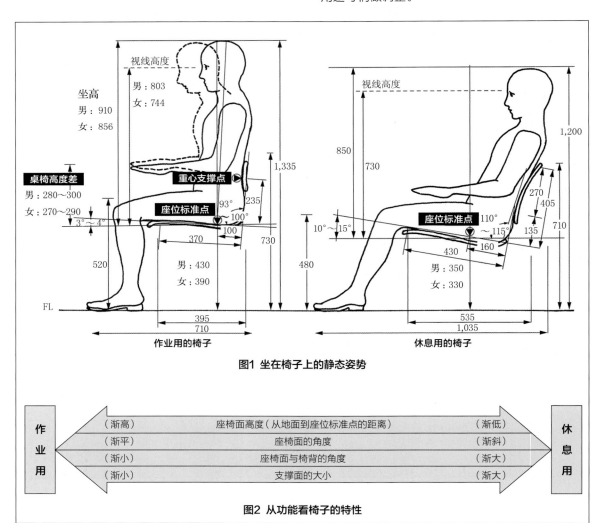

图1 坐在椅子上的静态姿势

图2 从功能看椅子的特性

■ 姿势变化与支撑姿势的家具形状 ■

无论坐着多么舒服的椅子，长时间保持同一个姿势还是会难受，这时就需要变换姿势。

这里我们举例说明姿势变化与理想的支撑家具的形式。

1. 作业姿势与椅子

作业、学习、操作电脑等，这类动作都需要连续进行，要想集中精神就需要适当放松姿势，椅子需要让人将这两种相辅相成的姿势能够轻松变换。具体来说就是要做到：集中的姿势时座椅面和靠背都能稍向前倾，放松时能足够向后倾。这需要将靠背支撑点设计在合适的位置，且符合背部弯曲的形状。

2. 休息姿势与椅子

休息、团聚、待客或乘坐交通工具时，均处于放松的场合，人需要更自由的姿势。

在椅子上安装可调倾角装置（座椅与靠背）可以解决这一问题。装置需要简单易调，以保证姿势的舒适。

3. 睡眠姿势与家具

人生的三分之一都是以睡姿度过的。无论是上仰还是侧躺，支撑睡姿的家具都要在功能方面保证脊椎处于直线状态，背部的S形弯曲支撑只要是站姿的一半、大约2~3cm厚度即可，床垫不能太软。

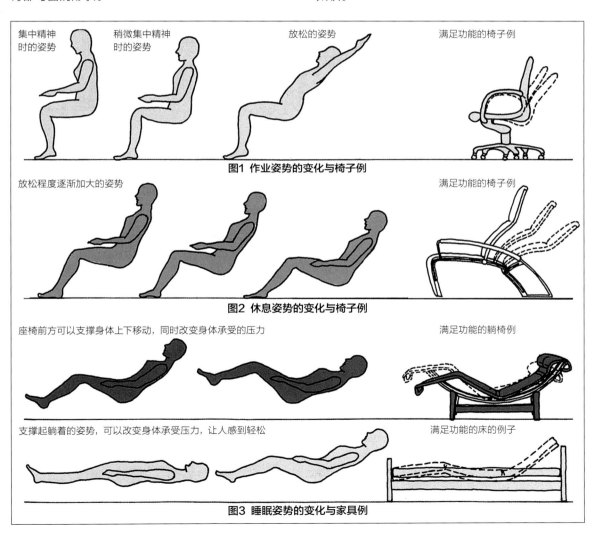

集中精神时的姿势　　稍微集中精神时的姿势　　放松的姿势　　满足功能的椅子例

图1 作业姿势的变化与椅子例

放松程度逐渐加大的姿势　　满足功能的椅子例

图2 休息姿势的变化与椅子例

座椅前方可以支撑身体上下移动，同时改变身体承受的压力　　满足功能的躺椅例

支撑起躺着的姿势，可以改变身体承受压力，让人感到轻松　　满足功能的床的例子

图3 睡眠姿势的变化与家具例

■动作空间■

按照人体工程学的思维方式，设计家具或室内空间的尺寸时，还应该考虑使用目的、使用地点、材料和结构、经济性及效率性等多项因素。综合这些因素的重点如下。

① 注意人与物（各种工具、家具、机器等）之间的关系，注意作业领域的大小（动作空间）与室内空间的关系。

② 室内空间应该设计成让居住生活整体上可以获得满足的状态。

这里，我们来了解①中的动作空间。在人体工程学中，动作空间的大小等于"人体尺寸或动作尺寸+物品尺寸+富余尺寸"。具体举例如下。

1. 休闲空间

考虑沙发和桌子的布局或间隔是否适合动作伸展。

2. 就餐空间

考虑桌子与椅子的布局或与空间的关系是否适合动作伸展。

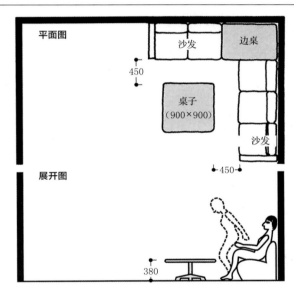

(1) 沙发和桌子的位置关系如上图时，人从中走过、坐下以及伸直腿的空间大小需要450mm。

(2) 坐着拿桌子上的咖啡杯时的动作
　① 使用正面的桌子时，坐着时与桌子间的间隔要优先考虑，需要450mm。
　② 使用边桌时，比起正面更方便拿取，沙发和边桌的高度要优先考虑，边桌高度在380mm左右会比较好。

(3) 看电视、听音乐时，空间大小、设备形状、个人兴趣、以及各种动作的尺寸都要考虑。

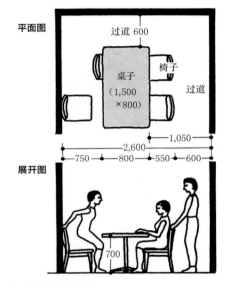

(1) 就餐动作的尺寸
　① 当椅子收进桌下，身后需要空间能让人通过，此时桌子一边与墙之间的间隔大约是750mm。
　② 站着拉出椅子需要750mm。
　③ 坐着时将腿放入桌下，感觉合适的位置大约是550mm。
　④ 就餐时大约是550mm。
　⑤ 把椅子拉开站起来大约是750mm。

(2) 给就餐人上菜或其他服务时的尺寸
　① 站在一旁上菜大约需要900mm。
　② 从就餐人身后通行所需要的间隔大约是1,050mm。

图1 休闲空间的动作尺寸

图2 就餐空间的动作尺寸

■储物计划与作业领域■

储物计划的目标应该使储物功能达到“需要的东西在需要的时候能尽快地、不费力地拿出来”。为了实现这一目标，需要正确把握储物的条件。

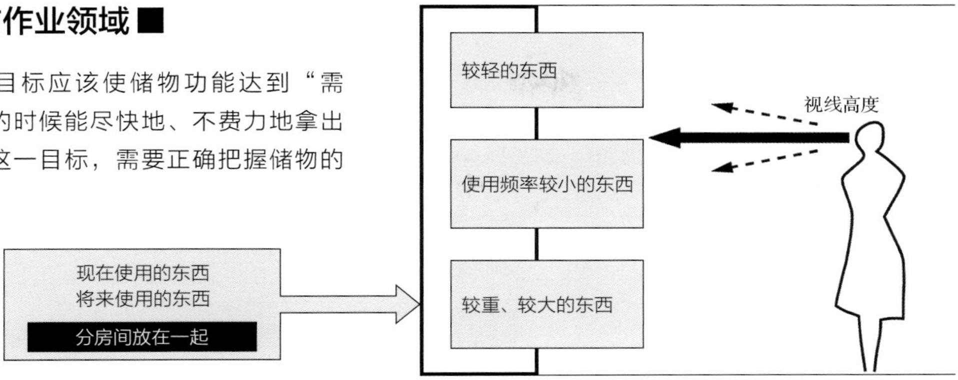
现在使用的东西
将来使用的东西
分房间放在一起
较轻的东西
使用频率较小的东西
较重、较大的东西
视线高度

图1 人与物（储藏物）之间的关系

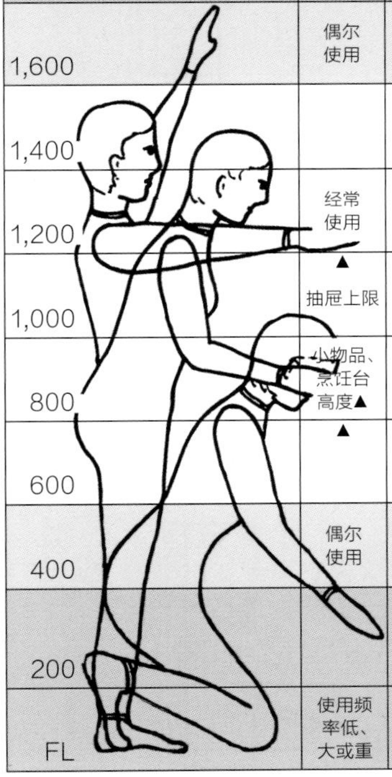

高度 \ 作业内容		烹饪、饮食：食品器皿、小物	烹饪、饮食：锅、其他	生活管理与清洁用品	休息、看、听、兴趣：电脑、录像、电视等	休息、看、听、兴趣：书、文具	就寝、更衣、打扮、化妆：衣服、鞋、包	就寝、更衣、打扮、化妆：床上用品等
2,400–2,200		节日用器皿					旅行用品	床上用品备用
2,000	使用频率低、轻	成套器皿						
1,800		客用	家用年糕机			口袋书→	帽子 手提包 包	
1,600	偶尔使用		保鲜膜、铝箔纸、垃圾袋等备用品	肥皂 毛巾的备用品			（挂着的）大衣 西装上衣	
1,400		玻璃杯 酒杯		家用流水账 烹饪书 手工制作书		一般尺寸的书→	裤子、西装、连衣裙、领带、皮带	坐垫
1,200	经常使用	杯子 茶杯	调味料、洗菜盆/网、菜板、菜刀、抹布	常备药品、吹风机	音响设备、卡式录音机			
1,000	▲ 抽屉上限	碗	面巾纸、烹饪用小物品、保鲜膜、铝箔纸	梳子、电动剃须刀、男性化妆品、牙刷	音乐盘 电脑		（叠起来的）衬衫	客人用被单
800	小物品、烹饪台高度▲ ▲	小盘 中盘	微波炉 电烤箱	肥皂、擦手巾、面巾纸 电话	使用手册	笔记本、文件、教材、周刊杂志	毛衣、和服、和服装饰物品、内衣、围巾	电话
600		大盘	刀、叉、勺 餐巾	传真机、缝纫机、熨斗、熨衣台	MO CD-ROM		丝巾、手绢、方布	随身携带品 化妆品
400	偶尔使用	较大的碗	筷子、筷子架、锅、平底锅	洗衣机、洗涤剂、橡胶手套	电视、录像机、录像带	杂志	手套、袜子	
200		保存容器	铁锅、蒸锅、季节用品（火锅）、电磁炉	吸尘器			（卷起来的）内衣、衬衣	
FL	使用频率低、大或重		调味料备用品、保存食品、去油剂备用品	扫把、垃圾铲、塑料袋、体重计		百科全书 杂志	鞋、靴子、凉鞋、木屐	

注 1）“抽屉上限”处的▲表示如有抽屉的话，这里是最高位置。

2）“烹饪台高度”线上下的▲各表示 850mm 和 800mm 的位置。

图2 作业领域与应该储物的位置

■布局与人际关系■

　　人体工程学中还有一个重要的理念，就是人类在生理、心理上的各种特性，会对使用工具或机器的空间布局产生影响，而这些影响也是设计时需要参考的部分。这里我们通过桌椅的布局和大小等具体例子来看一看其对人们的沟通方式及人际关系所产生的影响。

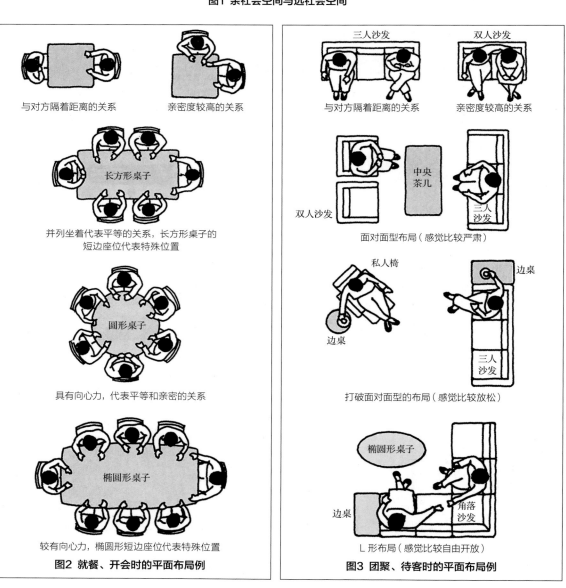

| 集合的形态 | 一些人在某个空间度过时间时，根据不同的目的形成不同的集合形态 | 亲社会空间 Socio petal | 团聚或开会采用的面对面式的集合形态 |
| | | 远社会空间 Socio fugal | 不想与他人有联系，彼此离开或身体背对着的集合形态 |

图1　亲社会空间与远社会空间

与对方隔着距离的关系　　亲密度较高的关系

长方形桌子

并列坐着代表平等的关系，长方形桌子的短边座位代表特殊位置

圆形桌子

具有向心力，代表平等和亲密的关系

椭圆形桌子

较有向心力，椭圆形短边座位代表特殊位置

图2　就餐、开会时的平面布局例

三人沙发　　双人沙发

与对方隔着距离的关系　　亲密度较高的关系

双人沙发　　中央茶几　　三人沙发

面对面型布局（感觉比较严肃）

私人椅　　边桌

边桌　　三人沙发

打破面对面型的布局（感觉比较放松）

椭圆形桌子

边桌　　角落沙发

L形布局（感觉比较自由开放）

图3　团聚、待客时的平面布局例

家具、室内构件的应用

3

■ 视线高度与家具大小、所占空间 ■

与建筑一体的家具（特别是柜子）如图1所示，大致可以分成三大类。

人们对空间的感觉，会因人的视线高度和家具的形状及布局受到很大影响。这里，我们将有隔断功能的储物柜放在客厅及饭厅之间，坐在休息用的椅子上，以坐高视线的高度（900mm）为视平线来看看柜子的不同高度对空间产生的不同影响。

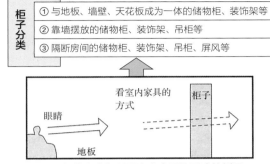

图1 视线高度与所看室内家具的形式的例子

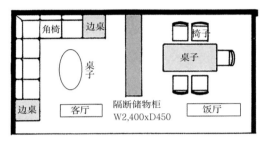

① 室内平面图

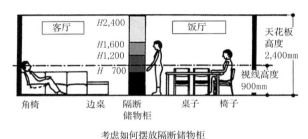

考虑如何摆放隔断储物柜

② 室内剖面图

图2 室内平面与剖面图表现的布局关系

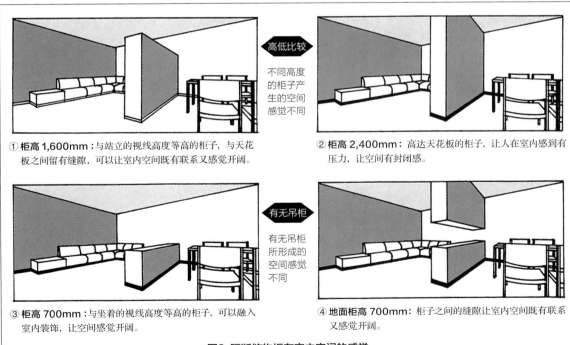

高低比较

不同高度的柜子产生的空间感觉不同

① 柜高1,600mm：与站立的视线高度等高的柜子，与天花板之间留有缝隙，可以让室内空间既有联系又感觉开阔。

② 柜高2,400mm：高达天花板的柜子，让人在室内感到有压力，让空间有封闭感。

有无吊柜

有无吊柜所形成的空间感觉不同

③ 柜高700mm：与坐着的视线高度等高的柜子，可以融入室内装饰，让空间感觉开阔。

④ 地面柜高700mm：柜子之间的缝隙让室内空间既有联系又感觉开阔。

图3 隔断储物柜在室内空间的感觉

重点知识填空-3

❶ 设计时参考的人体尺寸有①静态尺寸（人体本身的尺寸）和②动态尺寸（人类的【1】与【2】所需的空间，加上人与物所需的空间）。

1：动作

2：移动

❷ 作业领域（动作领域）分为（1）水平作业领域（①通常作业领域是屈【3】可以轻松操作的范围，②最大作业领域是伸手可以够到的最大范围）和（2）垂直作业领域（胳膊上下活动的范围）。

3：肘

❸ 一般所谓的动作空间，指的是含人、物在内的作业必需空间，分成最小空间与【4】空间（稍有富余的空间）。单位空间指的是几个动作空间合在一起的、可以做几种综合动作的空间领域。

4：必要

❹ 人与人的距离、距离与集合中，别人无法介入的、只属于每个人的像气泡一样的空间叫作【5】。而集合也有不同的空间形式，如①容易沟通的面对面式集合形式叫作【6】，②私密性优先的离开、背对的形式叫【7】。

5：私人领域

6：亲社会空间

7：远社会空间

❺ 设计椅子时，尺寸的标准参照点是【8】，指的是人坐着时的椅子座面与人的坐骨节点接触的位置。

8：座位标准点

❻ 从人体工程学的角度将家具分类的话，椅子、床等直接支撑人体的家具统称【9】；用于支撑物品、烹饪、吧台等家具统称凭倚类家具；储物、用于隔断的棚架、橱柜、衣柜、屏风等统称储存类家具。

9：坐卧类家具

❼ 人的身高与身体各部位之间基本成正比。作为估算值，肩宽与小腿的高度都大约是身高的【10】。

10：1/4

❽ 人体各部位的尺寸基本上都与身高成比例。比如桌椅高低差大约是从座位标准点到头顶的【11】，由于椅子的高度大约为身高的1/4，所以合适的桌子的高度应该是身高的2/5。

11：1/3

❾ 设计休息用的椅子的重点是最终稳定下来的姿势是否舒服，这一点与椅子的【12】没有直接的关系。

12：外形

❿ 成人的人体重心位置是从脚底到身高的大约【13】的高度。

13：2/3

⓫ 椅子的高度从功能性角度考虑，应该是地面到【14】的高度。带有坐垫的椅子的座面高度不是椅子的高度，同样，座面倾斜的椅子，前缘的高度也不是正确的椅子高度。

14：座位标准点

⓬ 适合身高155cm的女性作业的座椅面高度，参照人体尺寸的概算值【15】，可以得出是30cm。

15：0.25H

⓭ 从功能性的角度决定桌面的高度时，主要根据座位标准点到桌面的尺寸来决定，这一尺寸叫作【16】。在实际设计过程中，只需在【16】上加上椅子的座椅面高度即可。

16：桌椅高度差

⓮ 用于站着操作的作业台是凭倚类家具的一种，使用方便的台面高度根据作业内容不同而不同。一般需要用力地操作比精密操作【17】的话用起来会比较方便。

17：稍低

⓯ 为坐轮椅的人设计的烹调台的台面高度，要考虑轮椅进去后下半身的空间，比正常人所需尺寸大约低【18】。

18：10%

室内设计的元素

学习重点

室内空间的视觉认知就是认知构成室内空间的空间形状或规模、颜色、材质等这些综合元素的感觉。这一章我们分别学习这些形状或规模、色彩、材质等代表的意义，以及将这些元素组合、构成后的效果。另外还学习什么是造型美的原则和手法。

本章我们将学习以下内容：
一、室内空间的形状与被认知的特征以及形成手法。
二、了解比例、均衡的特征以及手法。
三、如何将色彩的本质与质感等运用到设计中。

■ 室内构件的形状与意义 ■

室内空间指的是为了与外部空间区别，用某种遮蔽物围起来的空间。通常情况下，遮蔽物主要由地板、墙壁、天花板这三部分构成，围在一起。这些部分的组合形状，可以在建筑结构的制约条件下由多种多样的设计方式。这一节，我们就这三个主要的部分通过插图来进行解说。

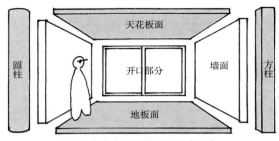

图1 室内空间的部位与构成元素

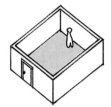 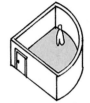 

①垂直：平板墙　②垂直：平板墙＋曲面墙　③垂直：曲面墙

图2 墙壁形状的例子

1. 墙壁的形状

墙壁对于居住的人来说是最重要的视觉部位。墙壁的基本形状是垂直于地面的，以形成稳定的视觉。曲面墙壁可以形成柔和的视觉与动感。倾斜的墙壁可以在空间中表现意外感。

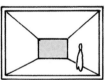 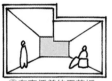 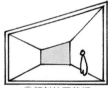

①平板天花板　②有高低差的天花板　③倾斜的天花板

 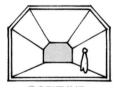 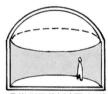

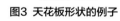

④甲板式天花板　⑤扇形天花板　⑥拱形天花板（圆球形）

图3 天花板形状的例子

2. 天花板的形状

天花板在空间的顶部，是被赋予装饰性和象征性的部位。水平天花板是最普通的设计，倾斜式和甲板式的天花板可以赋予空间变化，扩展空间。拱形天花板（空间顶端为圆弧形）等，可以营造空间的柔和感与上升感。

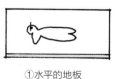 

①水平的地板　②倾斜的地板

③有高低差的地板　④挖有凹陷的地板

图4 地板形状的例子

3. 地板的形状

地板具有支撑身体的基本功能，也包括站立、横卧时触觉方面的特征。倾斜的地面用于移动，跳层（skip floor）指的是采用连续的、每半层错开的地板构成的空间，可以在使用空间时赋予空间变化。

■ 形态与视觉 ■

对空间形态的认知，是通过视觉、运动感觉、氛围感觉这些感情因素来知觉。其中，视觉是最重要的感觉，视觉神经感受到眼球内的视网膜上的成像，并传达给脑神经。两眼位于水平方向时，水平视角宽至200度，而垂直视角只有130度，比水平视角要窄。水平方向扩展的空间赋予人踏实、轻松的感觉，而垂直方向扩展的空间则可带来戏剧性效果，赋予人一定的紧张感。

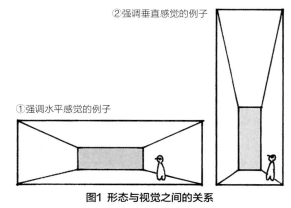

②强调垂直感觉的例子

①强调水平感觉的例子

图1 形态与视觉之间的关系

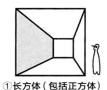

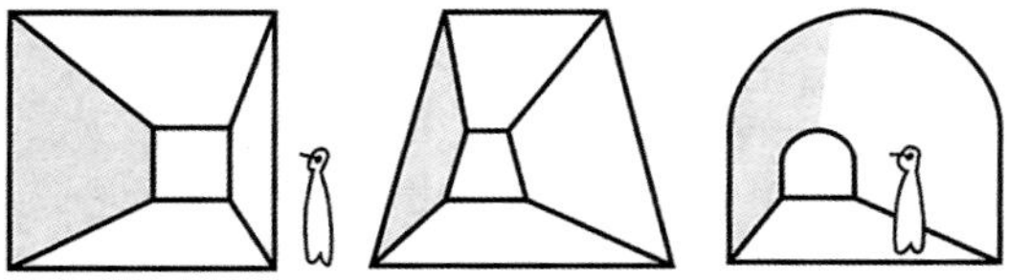

① 长方体（包括正方体） ② 梯形体 ③ 圆筒形

图2 基本形态的例子

1. 室内空间基本形态的例子

长方体（包括正方体）是最稳定、最能让人感到放心的形态。梯形体虽让人稍感压抑但富有变化，圆筒形让人感到被包起来，也具有稳定感，让人踏实。

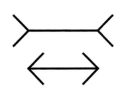 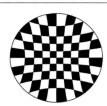

因两端箭头的方向不同，看上去中间直线的长度不同

① 缪勒·莱耶错觉

因垂直线给人的感觉更长，同样长度的线看上去不同

② 垂直与水平的错觉

注视中间部分竟然能看到正方形的棋盘，这是因为弯曲的视网膜造成的

③ 霍尔姆霍兹棋盘

图3 错觉的例子

2. 错觉的例子

寺院中的正殿房檐一般都是中间稍稍向上抬高，形成弓形曲线，这是因为如果做成直线反而给人以下垂的感觉。这种看上去的感觉与实际的形状不同的现象叫作错觉。面积较大的天花板的形状一般也会施工成稍稍隆起的形状。

3. 室内饰面的例子

利用地板、墙壁、天花板的饰面接缝或图纹可以让空间独具个性。另一方面，这些图纹会带来视觉错觉，有时候需要修整。

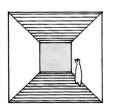 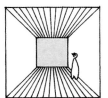 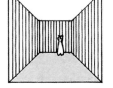

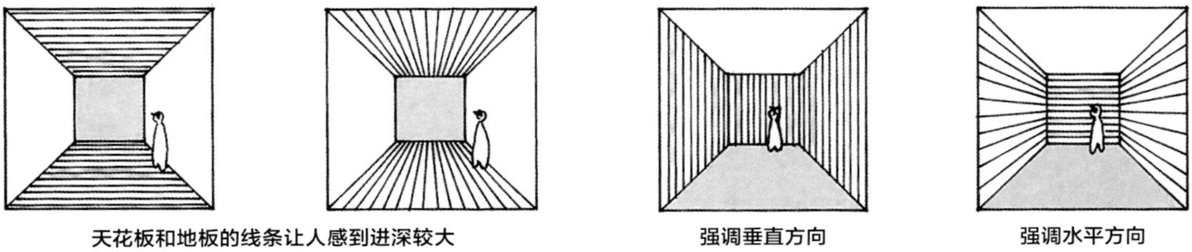

天花板和地板的线条让人感到进深较大　　　　　　　强调垂直方向　　　　　　强调水平方向

图4 室内饰面形成的空间表情的例子

1

■ 造型美的原理 ■

这里，我们将构成造型美的基本思路大致整理一下。

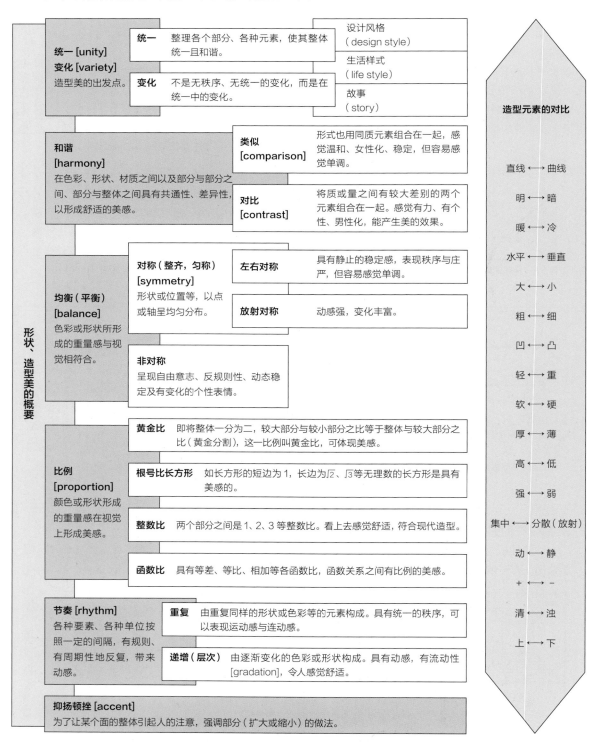

统一 [unity]
变化 [variety]
造型美的出发点。

| 统一 | 整理各个部分、各种元素，使其整体统一且和谐。 |
| 变化 | 不是无秩序、无统一的变化，而是在统一中的变化。 |

设计风格（design style）
生活样式（life style）
故事（story）

和谐 [harmony]
在色彩、形状、材质之间以及部分与部分之间、部分与整体之间具有共通性、差异性，以形成舒适的美感。

| 类似 [comparison] | 形式也用同质元素组合在一起，感觉温和、女性化、稳定，但容易感觉单调。 |
| 对比 [contrast] | 将质或量之间有较大差别的两个元素组合在一起。感觉有力、有个性、男性化，能产生美的效果。 |

均衡（平衡）[balance]
色彩或形状所形成的重量感与视觉相符合。

对称（整齐，匀称）[symmetry]
形状或位置等，以点或轴呈均匀分布。

| 左右对称 | 具有静止的稳定感，表现秩序与庄严，但容易感觉单调。 |
| 放射对称 | 动感强，变化丰富。 |

非对称
呈现自由意志、反规则性、动态稳定及有变化的个性表情。

比例 [proportion]
颜色或形状形成的重量感在视觉上形成美感。

黄金比	即将整体一分为二，较大部分与较小部分之比等于整体与较大部分之比（黄金分割），这一比例叫黄金比，可体现美感。
根号比长方形	如长方形的短边为1，长边为√2、√3等无理数的长方形是具有美感的。
整数比	两个部分之间是1、2、3等整数比。看上去感觉舒适，符合现代造型。
函数比	具有等差、等比、相加等各函数比，函数关系之间有比例的美感。

节奏 [rhythm]
各种要素、各种单位按照一定的间隔，有规则、有周期性地反复，带来动感。

| 重复 | 由重复同样的形状或色彩等的元素构成。具有统一的秩序，可以表现运动感与连动感。 |
| 递增（层次）[gradation] | 由逐渐变化的色彩或形状构成。具有动感，有流动性[gradation]，令人感觉舒适。 |

抑扬顿挫 [accent]
为了让某个面的整体引起人的注意，强调部分（扩大或缩小）的做法。

形状、造型美的概要

造型元素的对比

直线 ←→ 曲线
明 ←→ 暗
暖 ←→ 冷
水平 ←→ 垂直
大 ←→ 小
粗 ←→ 细
凹 ←→ 凸
轻 ←→ 重
软 ←→ 硬
厚 ←→ 薄
高 ←→ 低
强 ←→ 弱
集中 ←→ 分散（放射）
动 ←→ 静
＋ ←→ －
清 ←→ 浊
上 ←→ 下

■ 统一与变化/和谐 ■

统一是造型美的出发点，它意味着视觉上的力量集合。统一与变化不是互相对立的，而是统一中有变化，变化中有统一，彼此是有机的关系。和谐可以带来统一与变化，而均衡与节奏又带来和谐。

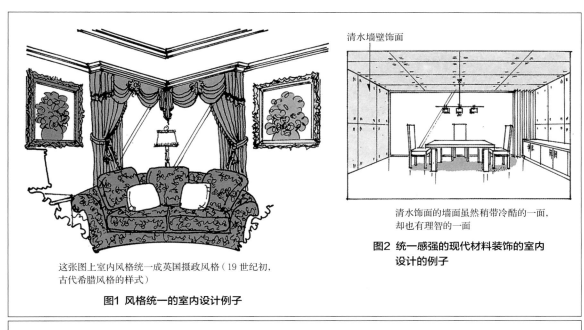

清水墙壁饰面

清水饰面的墙面虽然稍带冷酷的一面，却也有理智的一面

图2 统一感强的现代材料装饰的室内设计的例子

这张图上室内风格统一成英国摄政风格（19世纪初，古代希腊风格的样式）

图1 风格统一的室内设计例子

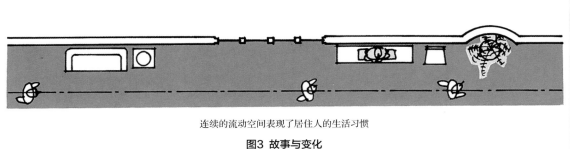

连续的流动空间表现了居住人的生活习惯

图3 故事与变化

钢筋结构的钢梁

墙壁石头垒砌

地板地毯

室内表现的和谐指的是每种构成材料之间、部分与部分之间、部分与整体之间形成共鸣，共同构筑美丽的舒适的空间，由整齐、比例、节奏等条件构成。

日式与西式合璧的生活样式，建筑结构与建材等形成对比，表现了一种新鲜的氛围。

图4 用对比形成的室内和谐的例子

■ 均衡与比例 ■

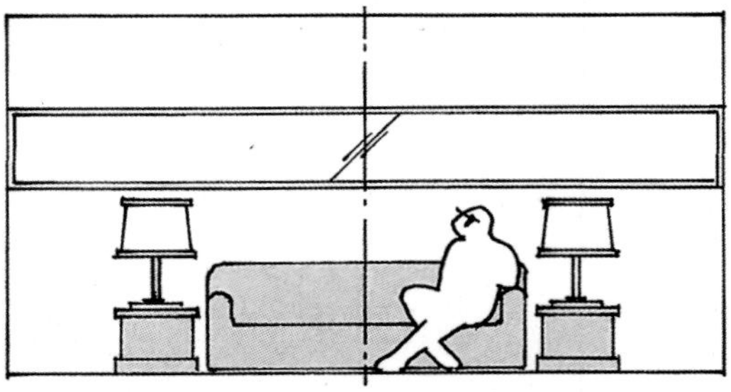

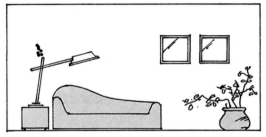

家具摆放均衡, 窗户在水平方向设计成具有稳定感的横向长方形。

图1 室内立面图例（1）

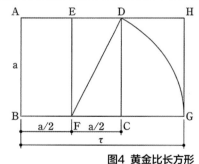

打破均衡的家具排放与窗户。

图2 室内立面图例（2）

1. 均衡（平衡）

所谓均衡就是指视觉上的力学平衡关系, 均衡中包括对称、非对称、比例、主导与从属等。

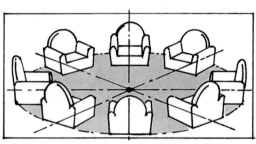

向内侧形成向心放射对称的例子。除此以外还有向外扩散式的放射对称等。

图3 家具摆放例

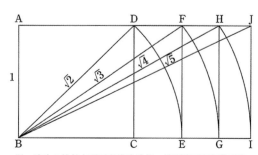

以边长为 a 的正方形的 1/2 形成长方形的对角线为半径, 求 G 的长度时的公式为

$$\frac{AB}{BG} = \frac{a}{\tau} = \frac{1}{1.618}$$

即可得到黄金比的长方形。

图4 黄金比长方形

2. 比例

所谓比例就是指部分与部分、部分与整体之间的数量比例关系。黄金比是古代希腊时代就采用的比例方式, 帕提农神殿就是以黄金比的长方形、正方形、$\sqrt{5}$长方形构成的。

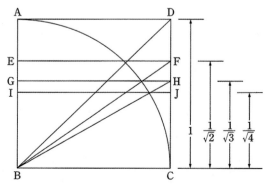

以一边为 1 的长方形对角线为边长, 按顺序可以制作出比例为 $\sqrt{2}$、$\sqrt{3}$、$\sqrt{4}$、$\sqrt{5}$等无理数的长方形。

图5 根号比长方形的例子（1）

图6 根号比长方形的例子（2）

■ 节奏与抑扬顿挫 ■

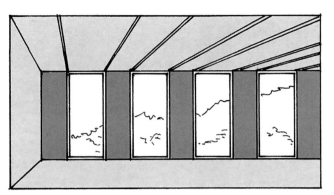

同一形式的构成一旦重复，视线随之移动会产生相对动感。

图1 重复（repetition）

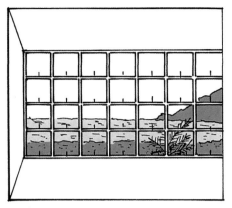

无论东西方，格子的重复形式都很多样。图中表现的是纵向与横向的均匀节奏。

图2 由格子表现出的节奏感的例子

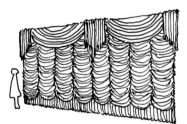

呈曲线扩展的图形。水波纹奥地利窗帘的例子。

图3 递增（gradation）

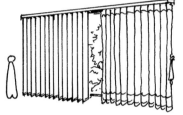

垂直帘的叶片与窗帘摺呈直线重复的例子。

图4 重复（repetition）

1. 节奏

室内的构成元素呈有规则的重复、反复就是节奏。与音乐的节奏相同，好的节奏可以让人放松。

节奏包括重复、递增、抑扬顿挫。这些形式单独使用不如综合使用，因为将其综合使用能形成更大密度更具丰富表情的构成。

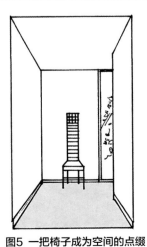

图5 一把椅子成为空间的点缀

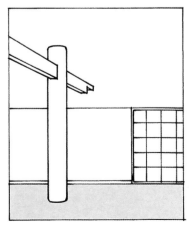

图6 一根柱子成为突出的点缀

2. 抑扬顿挫

在空间中形成紧张与松弛，目的是强调空间的意义。或者在空间中加入有象征意义的表现。

在视觉上形成力量的强弱，以呈现各部分的构成，东方运用奇数的情况较多，西方运用偶数的情况较多。

　　光线刺激人的视觉神经，并传达到大脑的视觉中枢，由此，人的眼睛可以看到各种各样的颜色。人的眼睛能看到的颜色可以按照以下标准分类（图1），室内设计中所有的色彩都是设计的对象，特别是与表面的色彩的关联最大。

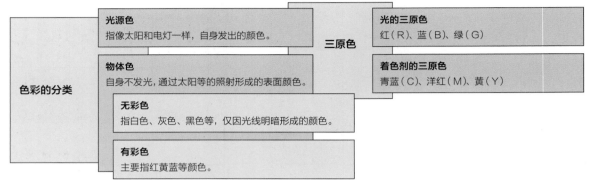

图1 色彩的分类与三原色之间的关系

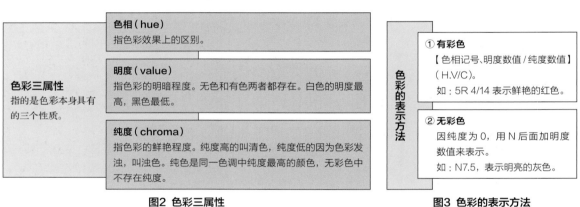

图2 色彩三属性

图3 色彩的表示方法

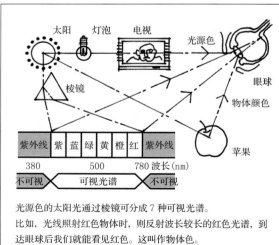

光源色的太阳光通过棱镜可分成 7 种可视光谱。
比如，光线照射红色物体时，则反射波长较长的红色光谱，到达眼球后我们就能看见红色。这叫作物体色。

图4 光源色与物体色

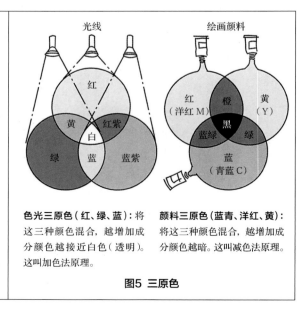

色光三原色（红、绿、蓝）：将这三种颜色混合，越增加成分颜色越接近白色（透明）。这叫加色法原理。

颜料三原色（蓝青、洋红、黄）：将这三种颜色混合，越增加成分颜色越暗。这叫减色法原理。

图5 三原色

■ 色彩与感情 ■

室内空间的颜色，不是单一的色彩世界。地板、墙壁、天花板的颜色、窗帘的颜色等属于背景色，除此以外还有家具的颜色、设备的颜色等，是多种色彩立体搭配成的世界。人们看到的颜色会因自然光和人工光这两种不同的光源而有差异。而且，光线照射到那部分的颜色和照射不到那部分的颜色看上去也不同。我们要在这样多种前提条件的基础上，设计色彩环境。

例①是被明亮的背景色包围的暗色沙发

例②是被暗色背景色包围的明亮色彩的沙发

例① 例②

图1 物体与背景之间的关系

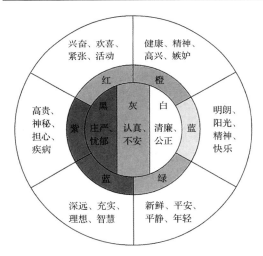

图2 色彩与感情效果

1. 色相中的色彩表现的感情效果

在色彩搭配重要的色彩效果中，有感觉温暖的暖色（红、橙、黄）和感觉寒冷的冷色（蓝绿、蓝、蓝紫）。另外，不同色彩也会引起人类不同的感情效果如图2所示。

2. 明暗中的色彩表现的感情效果

明暗的名称本来是用来表示颜色给人的印象和带给人的感情效果。Sf（soft）代表柔软，Dk（dark）代表黑暗。

表1 冷色或暖色与感情效果之间的关系

	暖 色	冷 色
P（pale）淡色调	轻柔	清澈
Lt（light）浅色调	柔弱	清朗
B（bright）亮色调	亲和	鲜明
V（vivid）鲜色调	开放、健康	睿智、冷静
Dp（deep）深色调	野性、厚重	理智、正规

表2 收缩、后退色与膨胀、前进色

	颜色名称	色 相	无彩色
收缩色后退色	D（dull）暗色调 Dk（dark）深色调 G（grayish）灰色调 dkg（darkgrayish）深灰色调	冷色 （蓝绿、蓝、蓝紫）	黑
膨胀色前进色	v（vivid）鲜色调 st（strong）强色调 b（bright）亮色调 lt（light）浅色调	暖色 （红、橙、黄）	白

3. 收缩、后退色与膨胀、前进色之间的关系

收缩、后退色的家具，能让人绷紧神经，似乎墙壁被向后拉。相反，膨胀、前进色的家具，感觉上很大，似乎墙壁被向前拉。将这一效果运用在色彩搭配上，可以让家具或房间显得更小或更大。

■ 色彩的表现体系 ■

色彩是很难用语言来表现的。比如说红色，每个人想象的红色都不一样。为此，将色彩编成体系，规定记号和名称，就是色彩的表现体系。

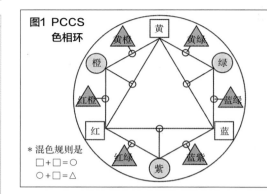

图1 PCCS 色相环

* 混色规则是
□+□＝○
○+□＝△

1. 色相环（PCCS）与混色

将绘画颜料的蓝青、洋红、黄三原色，分别取两种颜色混合，就形成紫色、绿色和橙色。然后将紫色和洋红混合变为红紫，绿色与蓝青色混合变为蓝绿，橙色与黄色混合变为黄橙，如此相加共调成六种颜色。将这六种颜色排成圆环状，就形成了12色的色相环。然后将这12色的色相环相邻的两色混合，就能调成24色的色相环，即PCCS（日本色研配色体系）。

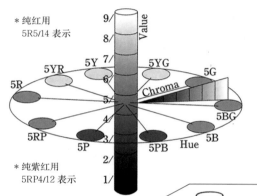

* 纯红用
5R5/14 表示

* 纯紫红用
5RP4/12 表示

图2 明度层次与纯度的关系

图3 色立体的整体

2. 蒙塞尔色彩体系

蒙塞尔色相环是由阿尔伯特·蒙塞尔（1858-1918）制作的色彩体系。他将色彩的三属性色相（hue）、明度（value）、纯度（chrome）分别按照等距离分类，以色相、明度数值和纯度数值来表示色彩。如5R5/14代表纯红色中明度及最高纯度。基本色相有10种，而明度从0~10的11个级别中，除去无法作为色料的白色和黑色以外，共有1~9的9个级别，纯度则包括数值为0的无彩色、数值为14的最高纯度的纯红等15个级别。

3. 色立体

将色相、明度、纯度以三维立体排列在一起就是色立体。以纯度为中心轴，外围套上色相环，外侧是高纯度，向中央逐渐降低。也就是说，这是用各种纯色与白色、灰色、黑色分别混合后的颜色立体排列而成的体系。

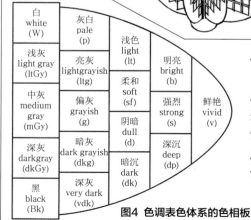

白 white (W)	灰白 pale (p)	浅色 light (lt)	明亮 bright (b)	
浅灰 light gray (ltGy)	亮灰 lightgrayish (ltg)			鲜艳 vivid (v)
中灰 medium gray (mGy)	偏灰 grayish (g)	柔和 soft (sf)	强烈 strong (s)	
深灰 darkgray (dkGy)	暗灰 dark grayish (dkg)	阴暗 dull (d)	深沉 deep (dp)	
黑 black (Bk)	深灰 very dark (vdk)	暗沉 dark (dk)		

图4 色调表色体系的色相板

4. 色调表色体系

色立体的色相板顶端是纯色，在此纯色中加入白色成为亮色，加入灰色成为浊色，加入黑色成为暗色依次排列。按照这一位置关系给各种明暗的颜色命名，就形成了色调表色体系。体系中的色调名称，同时表现明度和纯度，并容易让人联想到记忆中的颜色，它不仅运用在室内色彩搭配的实践中，也是方便人们沟通的表色体系。

■ 色彩搭配与和谐 ■

色彩搭配	色相配色：以色相环的位置关系为基础的配色	使其和谐
	无彩色配色：以无彩色的明度关系为基础的配色	完成的配色具有
	色调配色：以明暗的位置关系为基础的配色	美丽舒适的效果

图1 色彩搭配的手法与配色之间的关系

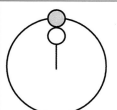  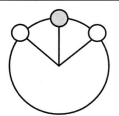 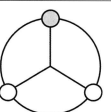 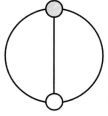

是同一个色相内的配色，是明度与纯度的配色关系。

同一色相配色

是近似色之间的配色，成为稳重、和睦的颜色。

近似色相配色

是与近似色的下一个色相的配色，在明度和纯度上形成差别。

间隔色相配色

有对比的清晰配色，特别是正三角位置的色相配色为基础。

对比色相配色

点对称互补色配色，形成最大反差，以表现动感效果。

互补色相配色

图2 色相配色的例子

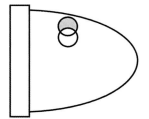 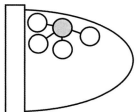 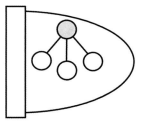 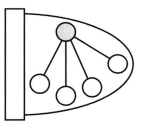

显示出色调个性的色相搭配。

同一色调配色

明度和纯度的差别都不大，成为融洽且亲和的搭配。

相邻色调配色

明度和纯度的差别清晰，成为坚硬踏实、明快的搭配。

近对照色调配色

明度和纯度的差别较大，活泼有力，同时不够宁静，需要注意的搭配。

远对照色调配色

图3 色调配色的例子

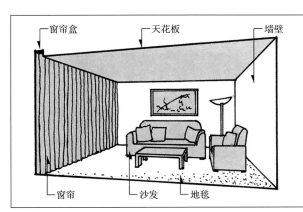

窗帘盒　天花板　墙壁

窗帘　沙发　地毯

例如，将基调色（Base Color）或主题色用在地毯和窗帘上时，选择近似色相配形成柔和色调的沙发。天花板和墙壁则选择不会过于突出的白色。

图4 色相配色的室内设计例子

■ 材质的属性 ■

　　材质（texture）指的是材料、素材表面的粗糙、光滑、软硬、冷暖等用手摸上去的感觉极其带给人的视觉印象。质感是通过触觉、视觉或者进入眼帘后人们想象的被认知的触觉，将其作为室内设计的元素与人们接触的。

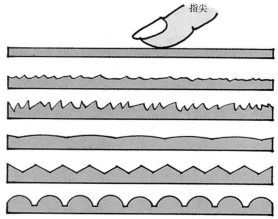

凹凸不仅形成触摸时的感觉，还形成光与影的和谐

图1 质地表面的剖面结构

虽然表面坚硬光滑，却因透明给人带来不安

图2 玻璃器皿

表面光滑，具有冰冷、干净、坚固的感觉

图3 不锈钢器皿

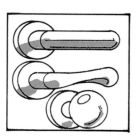

光滑且具有金属光芒，豪华而现代

图4 金属镀膜的门把手

可以营造多种多样的质感

图5 瓷器

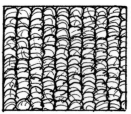

较硬较粗糙，感觉牢固

图6 毛圈地毯

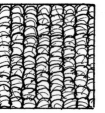

柔软粗糙，感觉舒适

图7 粗纤维地毯

光滑、豪华、美丽

图8 大理石打磨饰面

坚硬粗糙，不易滑倒

图9 花岗石喷磨饰面

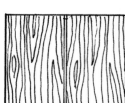

较光滑，波浪形木纹很美丽

图10 杉木板纹面

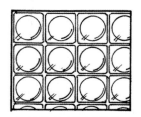

表面光滑，透出的光线效果令人愉快

图11 玻璃砖面

光滑、冰冷、透明

图12 玻璃面

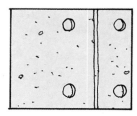

表面平整与木框留痕极具特征

图13 混凝土清水饰面

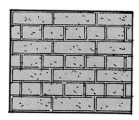

粗糙、颜色及接缝的拼接

图14 砖瓦面

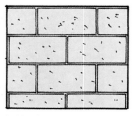

粗糙而牢固的感觉

图15 混凝土石砖面

■ 室内材质的构成 ■

室内氛围中可以是温暖且手感舒适的，也可以是冰冷且具有紧张感的，或者是自然安逸的，这都与选择的材料和材料的质感是否构成的合适的搭配有关。

比如，光滑、坚硬、冰冷的大理石与玻璃、不锈钢构成的室内空间，就可以形成冰冷具有紧张感的感觉。而使用纤维类的桌布、地毯、沙发、窗帘搭配，则可以形成休闲放松的室内空间。

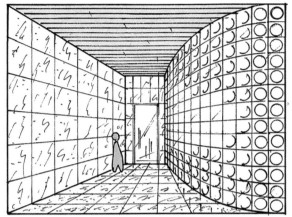

表现坚硬、冰冷、重量感

图1 表现紧张感的室内设计例（地板、墙壁：大理石，其中曲面墙是玻璃砖，天花板以不锈钢板铺设）

自然素材构成的室内休闲感

图2 日本传统和室例（地板：榻榻米，墙壁：京都样式抹灰墙，天花板：杉木合板铺设，客厅有装饰间）

室内整体表现出柔和、温馨、豪华感觉的例子

图3 表现欧洲风格的室内设计（地板：地毯，墙壁：壁纸，天花板：壁纸）

表面手感既不粗糙也不光滑，感觉为中性，以轻重感为中性的木材构成，令人心情平静

图4 自然而温馨的室内设计（地板：橡木地板，墙壁与天花板：杉木板铺设）

重点知识填空-4

❶ 室内空间是通过人们的五官来认知的，其中在认知中起到最大作用的是【1】。人类的眼睛的视野，左右范围较宽，上下范围较窄，人在站姿或坐姿时通常的视线方向比水平轴稍靠下方。因此，看到的墙面的下方比上方要多一些。而且，在进入眼帘的物体中，离得近的面的材质优先，离得远的面【2】优先。

❷ 通常通过知觉了解到的与事实不符现象叫作"错觉"，因视觉引起的错觉又叫【3】，常常引用错视图形作为例子。比如，同样长度的垂直线与水平线中，通常垂直线看上去要比水平线【4】。

❸ 视觉特征中有一点，上面的物体看上去比下面的物体要【5】，图样与背景之间的关系中，具有对称的部分或面积小的部分容易成为【6】的部分。

❹ 要想设计出美丽的形状，基本要素之一是【7】。它意味着"整体"与"部分"，或者"部分"与"部分"之间的比例关系，从古代人们就将它作为造型原理的基础而备受重视。

❺ 将一条线一分为二，短线与长线之间的比例等于长线与整条线之间的比例，这种分割比例叫作【8】。

❻ 对称，特别是以直线为轴的左右对称给人带来静止的稳定感。相对于这种对称，以点为中心的【9】，则给人以具有动感，富于变化的印象。

❼ 色彩的特性中，特别是红色或红黄色会令人感到温暖，所以叫作【10】，蓝色或蓝绿色会让人感到寒冷所以叫作【11】。

❽ 暖色系的颜色与冷色系的颜色相比，【12】具有振奋人的精神的倾向。而【13】则看上去有后退、缩小的感觉。

❾ 可视光线的波长中最短的波长领域是【14】，而与紫色互补的色相是【15】。

❿ 用几种颜色的颜料混合在一起成了暗色。这种混色方法叫作【16】。

⓫ 通常色彩面积变大后，明度和纯度看上去都更【17】。为此在决定墙面粉刷什么颜色的时候，注意不要只用小色块参照本进行选择。

⓬ 住房等房间的基调色彩，也叫背景色。通常都是墙壁等面积较大且固定的部分是背景色的主要部分。针对于此，【18】用在面积较小的部分。

⓭ 没有上色木材的颜色，一般在色相中属于红黄色系范围内。如果在铺设了木板的地面上放一块不带红色的黄色厚毛地毯，那么地板与地毯之间的色相关系叫作【19】。

⓮ 即使是同样的家具（形状和尺寸都一样），颜色不同看上去会感觉有的轻，有的重。这种因色彩带来的轻重感，主要是【20】造成的。

⓯ 配合色（配合基调色的颜色）的原则是一般比基调色的面积要【21】，同时不能比强调色突出，按照这一原则选择窗帘的颜色。为了表现整体的统一感，基调色和强调色也采用同一色相的颜色。

关键词
1：视觉
2：色彩
3：错视
4：长
5：大
6：图
7：比例
8：黄金比
9：放射形对称
10：暖色
11：冷色
12：暖色系
13：冷色系
14：紫色
15：黄绿色
16：减法混色法
17：高
18：强调色
19：类似色相
20：明度
21：小

室内设计与建筑结构

学习重点

建筑结构指的是在室内空间（内部空间）的外围，包围和保护室
内空间的部分，比如人的身体中的骨骼部分。
中国传统的建筑结构历史中，木结构建筑一直占据了主流地位，
而现代则是钢筋水泥结构或剪力墙结构为主。这一章的学习重
点，要求我们不是作为一名设计师，而是作为一个生活者，去理
解室内空间的建筑结构的概要。

本章我们将学习以下内容：
一、建筑的种类及各类建筑的特点。
二、了解各种结构的部位名称及基础事项，并理解各部分的作用。

■ 建筑结构概论 ■

　　建筑应该可以抵御酷暑与严寒的侵袭，遮挡自然界的雨雪、风霜、噪音，将建筑内外配备完整以便让人们可以在建筑内部获得舒适的生活。当地震、台风、火灾这些天灾人祸发生时，居住的人们的生命不应该受到威胁，所以建筑必须是安全、牢固的。

　　通过新材料开发及新的建设技术的研究，建筑结构伴随着社会的呼声，逐渐有不少新的形态出现，为人们的生活方式带来了极大的影响。

表1　以日本为例的建筑结构的变迁

1885 年，世界首次在建筑的结构部分采用钢材。	1868	
	1894	**三菱 1 号馆**（东京 / 设计：肯德尔） 日本最早的西洋式办公室建筑
	1896	**日本银行总店**（东京 / 设计：辰野金吾） 被评价为日本建筑家的代表作
1910 年前后，剪力墙结构得到普及。	1909	**赤坂离宫**（1899-1909 东京 / 设计：片山东熊） 首次建的"东宫御所"，1974 年改建为迎宾馆。
1920 年前后开始普及钢筋混凝土结构。特别是对抗震建筑的施工研究十分活跃。	1918	**东京海上大楼**（东京 / 设计：曾祢达藏，中条精一郎） 根据日本结构学者指针建成，经受了关东大地震基本无损，值得纪念的建筑。
	1923	当时的室内设计领域也叫作室内装饰，以船舶的内部装修为主流。 关东大地震
		赤坂离宫
日本银行总店 日本建筑基准法与建筑师法成立	1938	**第一生命馆**（东京 / 设计：渡边仁等） 现代风格，是带有纪念碑的代表性建筑
	1950	
 东京奥林匹克		
	1964	**国立代代木体育馆**（东京 / 设计：丹下健三）
	1968	**霞之关大楼**（东京 / 设计：丹下健三） 第一栋超高层大厦（36 层）
因建筑既要考虑建筑面积率又要考虑高度限制，于是废除了高度限制，开始引进容积率的方式。	1981	新抗震设计法的引进（日本建筑基准法大修改）
	1984	实施室内协调师第一届资格考试。1993 年根据通商产业省告示第 17 号发证书。
	1987	成立室内计划师制度（日本建设省告示第 14 号）
	1995	兵库县南部地震（阪神、淡路大地震）

■ 建筑物的构成 ■

木结构建筑主要由地板、墙壁、屋顶等部分组成。木结构建筑的梁柱骨架还承担了多方面的负荷。

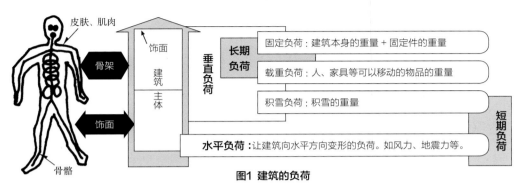

图1 建筑的负荷

长期负荷	固定负荷：建筑本身的重量 + 固定件的重量
	载重负荷：人、家具等可以移动的物品的重量
	积雪负荷：积雪的重量

短期负荷

水平负荷：让建筑向水平方向变形的负荷。如风力、地震力等。

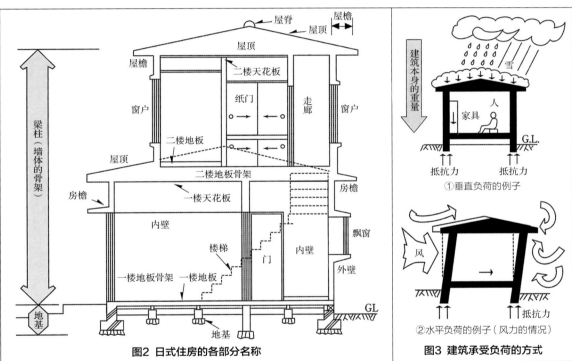

图2 日式住房的各部分名称

①垂直负荷的例子

②水平负荷的例子（风力的情况）

图3 建筑承受负荷的方式

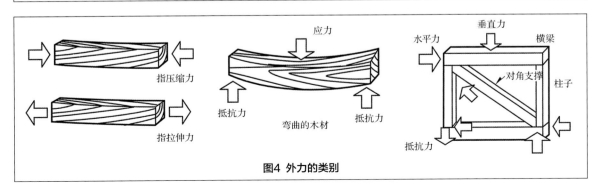

指压缩力

指拉伸力

应力

抵抗力　弯曲的木材　抵抗力

水平力　垂直力　横梁

对角支撑

柱子

抵抗力

图4 外力的类别

■ 建筑结构种类 ■

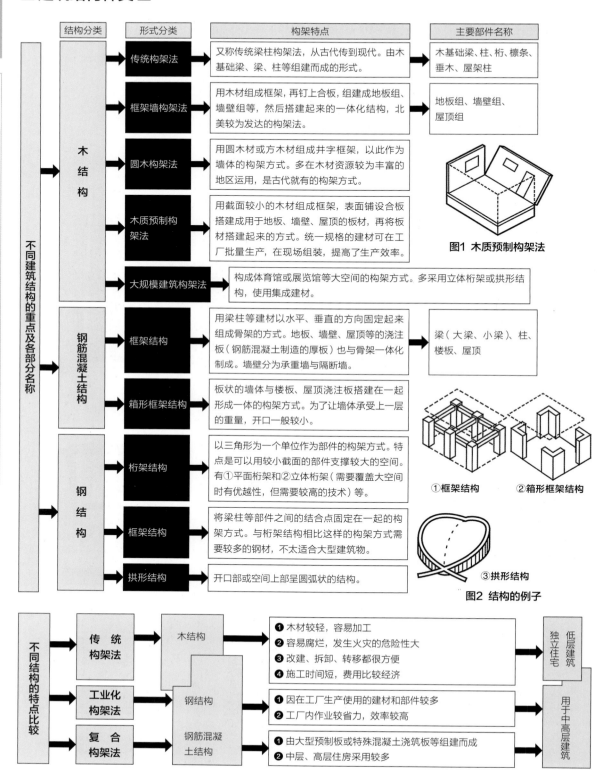

结构分类	形式分类	构架特点	主要部件名称
木结构	传统构架法	又称传统梁柱构架法，从古代传到现代。由木基础梁、梁、柱等组建而成的形式。	木基础梁、柱、桁、檩条、垂木、屋架柱
	框架墙构架法	用木材组成框架，再钉上合板，组建成地板组、墙壁组等，然后搭建起来的一体化结构，北美较为发达的构架法。	地板组、墙壁组、屋顶组
	圆木构架法	用圆木材或方木材组成井字框架，以此作为墙体的构架方式。多在木材资源较为丰富的地区运用，是古代就有的构架方式。	
	木质预制构架法	用截面较小的木材组成框架，表面铺设合板搭建成用于地板、墙壁、屋顶的板材，再将板材搭建起来的方式。统一规格的建材可在工厂批量生产，在现场组装，提高了生产效率。	
	大规模建筑构架法	构成体育馆或展览馆等大空间的构架方式。多采用立体桁架或拱形结构，使用集成建材。	
钢筋混凝土结构	框架结构	用梁柱等建材以水平、垂直的方向固定起来组成骨架的方式。地板、墙壁、屋顶等的浇注板（钢筋混凝土制造的厚板）也与骨架一体化制成。墙壁分为承重墙与隔断墙。	梁（大梁、小梁）、柱、楼板、屋顶
	箱形框架结构	板状的墙体与楼板、屋顶浇注板搭建在一起形成一体的构架方式。为了让墙体承受上一层的重量，开口一般较小。	
钢结构	桁架结构	以三角形为一个单位作为部件的构架方式。特点是可以用较小截面的部件支撑较大的空间。有①平面桁架和②立体桁架（需要覆盖大空间时有优越性，但需要较高的技术）等。	
	框架结构	将梁柱等部件之间的结合点固定在一起的构架方式。与桁架结构相比这样的构架方式需要较多的钢材，不太适合大型建筑物。	
	拱形结构	开口部或空间上部呈圆弧状的结构。	

图1 木质预制构架法

①框架结构　②箱形框架结构

③拱形结构

图2 结构的例子

左侧竖排：建筑物的各种结构

竖排：不同建筑结构的重点及各部分名称

不同结构的特点比较	传统构架法	木结构	❶ 木材较轻，容易加工 ❷ 容易腐烂，发生火灾的危险性大 ❸ 改建、拆卸、转移都很方便 ❹ 施工时间短，费用比较经济	独立住宅　低层建筑
	工业化构架法	钢结构	❶ 因在工厂生产使用的建材和部件较多 ❷ 工厂内作业较省力，效率较高	用于中高层建筑
	复合构架法	钢筋混凝土结构	❶ 由大型预制板或特殊混凝土浇筑板等组建而成 ❷ 中层、高层住房采用较多	

■ 木结构与地基 ■

木结构建筑在日本拥有悠久的历史，这一节我们以日本为例，按照搭建的顺序来解说。

结构部分按照基础、梁柱组、屋架、地板组、楼梯、开口部分等顺序，然后按照外侧装饰、内侧装饰进行解说。

木结构建筑是用木材搭建成骨架的结构，比较适合单栋住房等小规模的建筑。我们在这里也会仔细比较一下传统构架法以及其他构架法的一些重点区别。

基础下面铺设砂石的作业叫打地基，固定住支撑建筑物的地盘部分就叫基础。

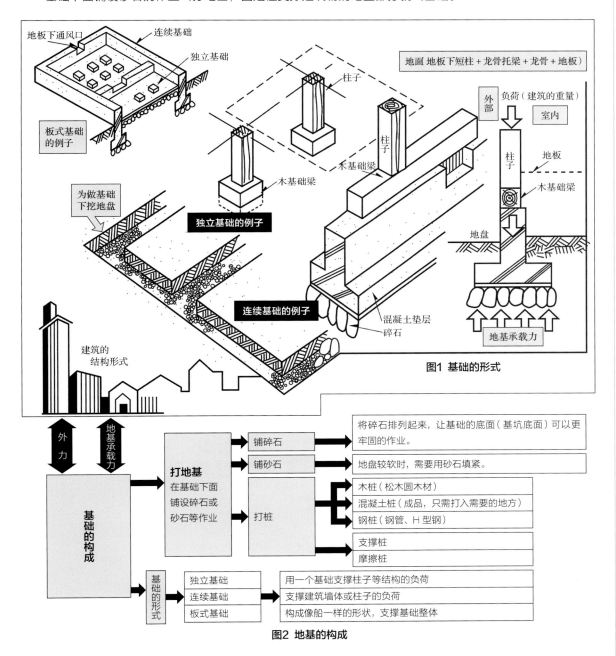

图1 基础的形式

图2 地基的构成

■ 梁柱结构的构成 ■

这一节在理解梁柱结构是如何构成的同时，按照梁柱结构的施工顺序，解释基础、木基础梁、梁柱、屋架、地板组、墙体的重点。

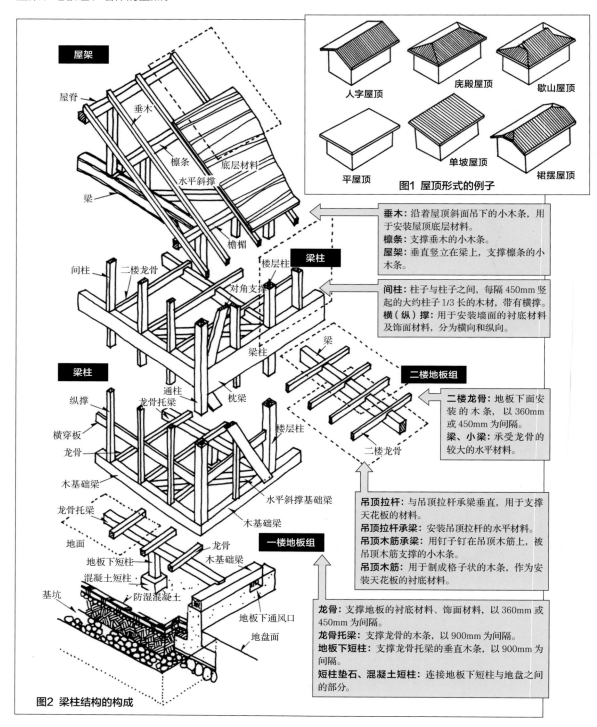

图1 屋顶形式的例子

人字屋顶　庑殿屋顶　歇山屋顶　平屋顶　单坡屋顶　裙摆屋顶

屋架

屋脊　垂木　檩条　底层材料　水平斜撑　梁　檐楣

梁柱

间柱　二楼龙骨　楼层柱　对角支撑　梁柱

梁柱

通柱　纵撑　横穿板　龙骨　木基础梁　龙骨托梁　地面　地板下短柱　混凝土短柱　防湿混凝土　基坑

龙骨托梁　枕梁　楼层柱　水平斜撑基础梁　木基础梁

龙骨　木基础梁

二楼地板组

梁　二楼龙骨

一楼地板组

垂木：沿着屋顶斜面吊下的小木条，用于安装屋顶底层材料。
檩条：支撑垂木的小木条。
屋架：垂直竖立在梁上，支撑檩条的小木条。

间柱：柱子与柱子之间，每隔450mm竖起的大约柱子1/3长的木材，带有横撑。
横（纵）撑：用于安装墙面的衬底材料及饰面材料，分为横向和纵向。

二楼龙骨：地板下面安装的木条，以360mm或450mm为间隔。
梁、小梁：承受龙骨的较大的水平材料。

吊顶拉杆：与吊顶拉杆承梁垂直，用于支撑天花板的材料。
吊顶拉杆承梁：安装吊顶拉杆的水平材料。
吊顶木筋承梁：用钉子钉在吊顶木筋上，被吊顶木筋支撑的小木条。
吊顶木筋：用于制成格子状的木条，作为安装天花板的衬底材料。

龙骨：支撑地板的衬底材料、饰面材料，以360mm或450mm为间隔。
龙骨托梁：支撑龙骨的木条，以900mm为间隔。
地板下短柱：支撑龙骨托梁的垂直木条，以900mm为间隔。
短柱垫石、混凝土短柱：连接地板下短柱与地盘之间的部分。

地板下通风口　地盘面

图2 梁柱结构的构成

■ 梁柱结构的接合部分及接合用的辅助材料 ■

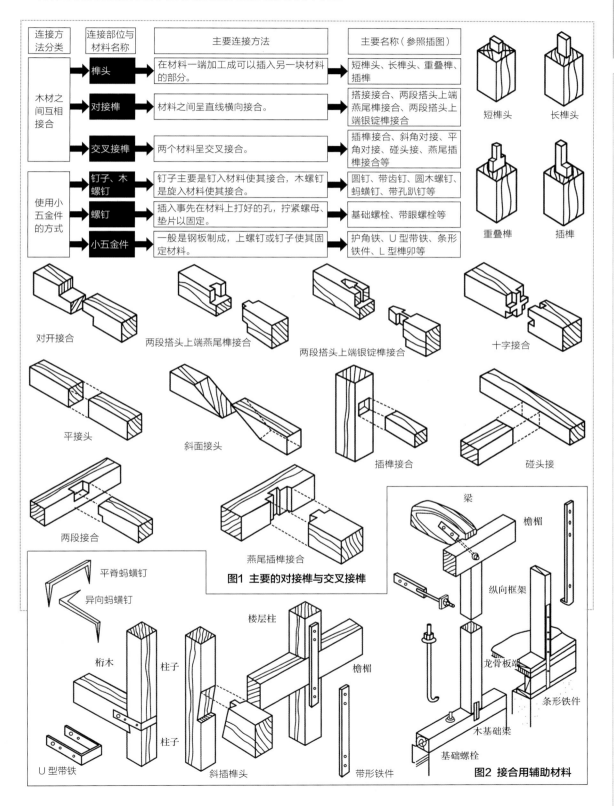

连接方法分类	连接部位与材料名称	主要连接方法	主要名称（参照插图）
木材之间互相接合	榫头	在材料一端加工成可以插入另一块材料的部分。	短榫头、长榫头、重叠榫、插榫
	对接榫	材料之间呈直线横向接合。	搭接接合、两段搭头上端燕尾榫接合、两段搭头上端银锭榫接合
	交叉接榫	两个材料呈交叉接合。	插榫接合、斜角对接、平角对接、碰头接、燕尾插榫接合等
使用小五金件的方式	钉子、木螺钉	钉子主要是钉入材料使其接合，木螺钉是旋入材料使其接合。	圆钉、带齿钉、圆木螺钉、蚂蟥钉、带孔趴钉等
	螺钉	插入事先在材料上打好的孔，拧紧螺母、垫片以固定。	基础螺栓、带眼螺栓等
	小五金件	一般是钢板制成，上螺钉或钉子使其固定材料。	护角铁、U型带铁、条形铁件、L型榫卯等

短榫头　长榫头　重叠榫　插榫

对开接合　两段搭头上端燕尾榫接合　两段搭头上端银锭榫接合　十字接合

平接头　斜面接头　插榫接合　碰头接

两段接合　燕尾插榫接合

平脊蚂蟥钉　异向蚂蟥钉

图1 主要的对接榫与交叉接榫

楼层柱　桁木　柱子　柱子　檐楣　斜插榫头　带形铁件　U型带铁

梁　檐楣　纵向框架　龙骨板端　条形铁件　木基础梁　基础螺栓

图2 接合用辅助材料

建筑物的各种结构

2

■ 钢筋混凝土结构 ■

　　钢筋混凝土结构究竟是如何构成的呢？这一节就讲解一下这种结构的特征。

　　钢筋混凝土结构是将钢筋排列好的框架中浇注混凝土，待混凝土凝结后成为梁柱等骨架的方式。通常，集合住宅或中小规模的建筑广泛采用这种结构。

　　这一结构中，钢筋与混凝土各自的特性互相补充，成为复合材料。与其他结构相比，在耐火性、耐久性方面比较优越，缺点是工期较长，结构体本身较重较大。

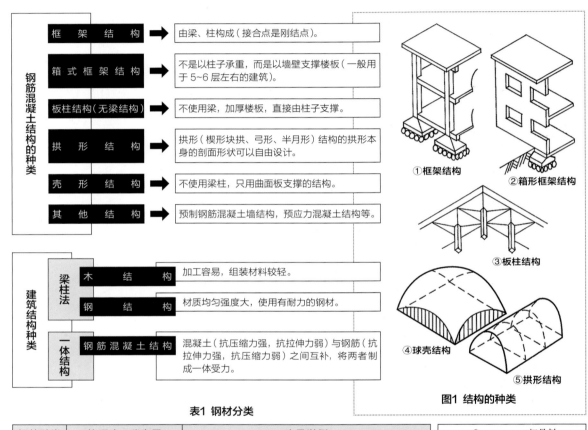

图1 结构的种类

表1 钢材分类

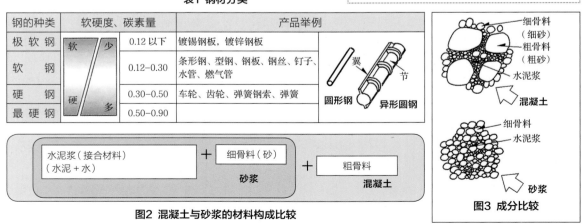

钢的种类	软硬度、碳素量		产品举例
极软钢	软 少	0.12 以下	镀锡钢板，镀锌钢板
软 钢		0.12–0.30	条形钢、型钢、钢板、钢丝、钉子、水管、燃气管
硬 钢	硬 多	0.30–0.50	车轮、齿轮、弹簧钢索、弹簧
最硬钢		0.50–0.90	

图2 混凝土与砂浆的材料构成比较

图3 成分比较

■ 配筋基础 ■

从配筋的基本思路来看，因为混凝土的拉伸力较弱，在有拉伸力的地方，就要用拉伸力强度大的钢筋来补充。这一节我们学习钢筋的保护层厚度与间隔、固定的长度和接头。

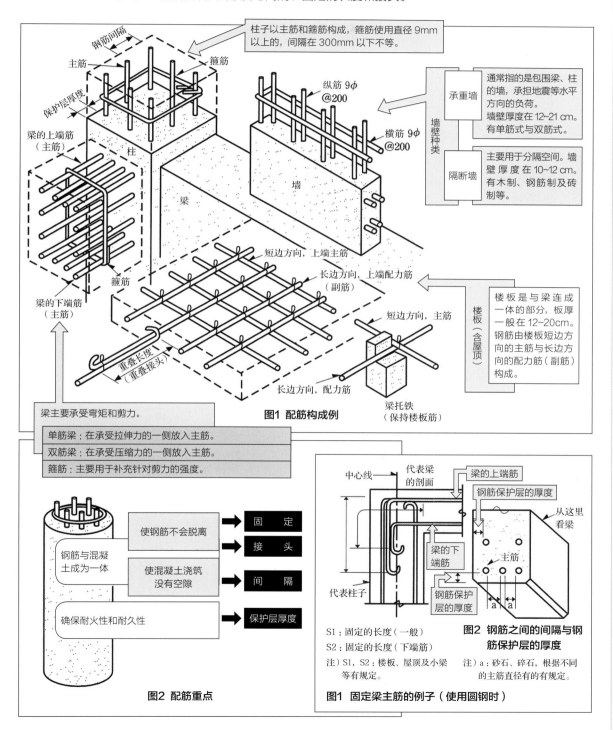

柱子以主筋和箍筋构成，箍筋使用直径 9mm 以上的，间隔在 300mm 以下不等。

钢筋间隔

主筋　　箍筋

保护层厚度

梁的上端筋（主筋）

柱

箍筋

梁的下端筋（主筋）

墙

梁

纵筋 9φ @200

横筋 9φ @200

承重墙　通常指的是包围梁、柱的墙，承担地震等水平方向的负荷。墙壁厚度在 12~21 cm。有单筋式与双筋式。

墙壁种类

隔断墙　主要用于分隔空间。墙壁厚度在 10~12 cm。有木制、钢筋制及砖制等。

短边方向，上端主筋

长边方向，上端配力筋（副筋）

短边方向，主筋

长边方向，配力筋

重叠长度（重叠接头）

梁托铁（保持楼板筋）

楼板（含屋顶）　楼板是与梁连成一体的部分，板厚一般在 12~20cm。钢筋由楼板短边方向的主筋与长边方向的配力筋（副筋）构成。

梁主要承受弯矩和剪力。

图1 配筋构成例

单筋梁：在承受拉伸力的一侧放入主筋。

双筋梁：在承受压缩力的一侧放入主筋。

箍筋：主要用于补充针对剪力的强度。

钢筋与混凝土成为一体

使钢筋不会脱离　→　固　定

　　　　　　　　　→　接　头

使混凝土浇筑没有空隙　→　间　隔

确保耐火性和耐久性　→　保护层厚度

图2 配筋重点

中心线

代表梁的剖面

梁的上端筋

钢筋保护层的厚度

从这里看梁

梁的下端筋

主筋

代表柱子

钢筋保护层的厚度

a　a

S1：固定的长度（一般）

S2：固定的长度（下端筋）

注）S1，S2：楼板、屋顶及小梁等有规定。

图2 钢筋之间的间隔与钢筋保护层的厚度

注）a：砂石、碎石，根据不同的主筋直径有的有规定。

图1 固定梁主筋的例子（使用圆钢时）

2

■ 钢结构 ■

　　钢结构是怎样的结构呢？钢结构伴随结构理论、钢材加工技术的进步以及建筑生产的工业化已成为今天的建筑结构主流，得到了迅速的普及。这一节，我们主要解说钢材的特征、钢材的接合及耐火保护层。

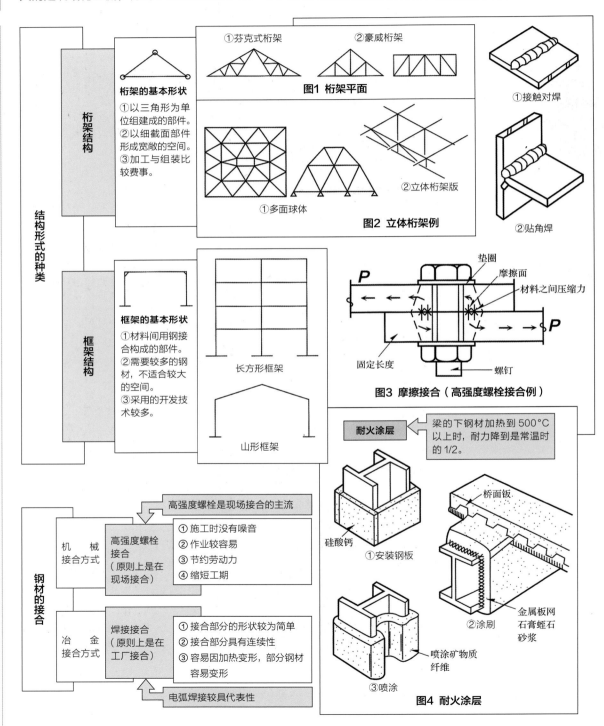

结构形式的种类

桁架结构

桁架的基本形状
①以三角形为单位组建成的部件。
②以细截面部件形成宽敞的空间。
③加工与组装比较费事。

①芬克式桁架　②豪威桁架

图1 桁架平面

①多面球体　②立体桁架版

图2 立体桁架例

①接触对焊

②贴角焊

框架结构

框架的基本形状
①材料间用钢接合成的部件。
②需要较多的钢材，不适合较大的空间。
③采用的开发技术较多。

长方形框架

山形框架

垫圈
摩擦面
材料之间压缩力
固定长度
螺钉

图3 摩擦接合（高强度螺栓接合例）

耐火涂层　梁的下钢材加热到500°C以上时，耐力降到是常温时的1/2。

钢材的接合

机械接合方式

高强度螺栓接合（原则上是在现场接合）

高强度螺栓是现场接合的主流

①施工时没有噪音
②作业较容易
③节约劳动力
④缩短工期

冶金接合方式

焊接接合（原则上是在工厂接合）

①接合部分的形状较为简单
②接合部分具有连续性
③容易因加热变形，部分钢材容易变形

电弧焊接较具代表性

硅酸钙

①安装钢板

②涂刷

③喷涂

喷涂矿物质纤维

桥面钣

金属板网石膏蛭石砂浆

图4 耐火涂层

❶ 传统的梁柱结构建成的两层住宅楼中，主要的柱子（如建筑的四角等）叫【1】。只支撑一楼或二楼的柱子叫楼层柱。

1：通柱

❷ 木结构中使用的间柱、壁柱、半柱、楼层柱中，用于结构的柱子是【2】。

2：楼层柱

❸ 木基础梁等直角交叉的水平材料、或柱子与柱子之间的墙壁，为了增强抗震性，主要的地方会使用【3】或【4】。特别是安装在墙面上的【4】与木基础梁、桁木接合时，一般会使用"蚂蟥钉"。

3：水平斜撑

4：对角支撑

❹ 请描述下列有关木结构中的基础数字。

① 从地面到地板饰面位置的高度应该在【5】cm以上。

5：45

② 混凝土板式基础上设计的通风口的面积应该在【6】cm² 以上。

6：300

③ 梁柱构架的对角支撑的剖面尺寸，应该大于柱子截面【7】分之一（90mm × 30mm）。

7：三

④ 主要结构材料的防腐剂涂层范围，应该是地盘面到【8】m为止的部分。

8：1

⑤ 通常，打入木板的钉子长度应该是木板厚度的【9】倍到【10】倍。

9：2.5

10：3.0

❺ 框架墙工法（2×4工法）中使用的基础木材不是正方头的，是【11】英寸×【12】英寸的材料，建成的内部空间的气密性较高（1英寸＝25.4mm）。

11：2

12：4

❻ 钢筋混凝土结构中的【13】结构，可以不用制作梁或柱的外框，可以让内部空间看起来没有多余的东西。但是，因为墙壁所占分量较大，开口部的大小会受到制约，对于较大的空间或【14】建筑并不适合。

13：箱形框架

14：高层

❼ 钢筋混凝土结构中的【15】结构，梁、柱是结构体，一般在内部空间可以看到。其特点是柱子之间的间隔比较大，受到墙壁的制约较少，设计内部空间的自由度较高。

15：框架

❽ 钢筋混凝土结构的寿命主要取决于包围钢筋的混凝土与空气中的碳酸气体反应后，何时失去了本来应该保护钢筋的【16】功能。

16：防锈

❾ 钢筋的【17】指的是，两根钢筋重叠一定的长度，用细铁丝绑紧使两者不会错开。这部分钢筋在埋入浇注的混凝土后，起到一根钢筋的作用。

17：重叠接头

❿ 钢筋混凝土材料中，针对混凝土的【18】较弱的缺点，可以用钢筋补充，增加强度。

18：拉伸力

⓫ 钢筋混凝土是用水、水泥、【19】制成混凝土，再与钢筋复合成为一体的复合材料。为了保护钢筋不生锈或被火灾高温侵蚀，混凝土与钢筋之间要留有一定的间隔，这部分叫作【20】。混凝土压缩强度取决于水与水泥的重量比，叫作【21】。

19：骨料

20：保护层厚度

21：水灰比

⓬ 钢筋混凝土结构中，不使用梁而用楼板直接支撑柱子的结构叫作【22】结构。

22：板柱

⓭ 钢结构中常用的高强度螺栓接合，使用高强度螺栓将两块钢材拧紧固定，通过由此产生的【23】保证接合。

23：摩擦力

⓮ 钢结构中，有使用H型钢等的重量钢结构和使用槽型钢等【24】钢结构。

24：轻量型

室内设计构成

学习重点

如果说建筑结构相当于人类"骨骼",则室内空间的构成就相当于人类的"血肉"。室内空间包括地板、墙壁、天花板等部分。这些"地板、墙壁、天花板等部分"的作用,除了要保护室内不受寒暑等外界气候条件的影响之外,还要求在视觉上具备美感,使用上达到舒适性。

那么,这些"地板、墙壁、天花板等部分"都是根据怎样的结构构成的呢?除此之外,构成室内空间的元素都有哪些呢?这些都是我们需要学习的内容。

本章我们将学习以下内容:

一、理解"地板、墙壁、天花板等"部分是如何构成的(如:底层与面层,安装方法等)。

二、理解室内元素的完成,都是通过哪些建材组合构成,都有哪些名称。

三、学习室内元素中定制的门窗、楼梯等的构成元素的基础知识。

1

室内地面的架构法

■地板构成■

在理解构成室内空间的地板（楼板）、墙壁、天花板时，重要在于分清固定面层的部分（叫作底层），以及由各种饰面材料组成的面层之间的区别。

楼板是在水平方向隔断室内空间，承载人或物品的部分。我们将楼板的构架方式做个大致区分，分别说明构架方法的名称与特点。

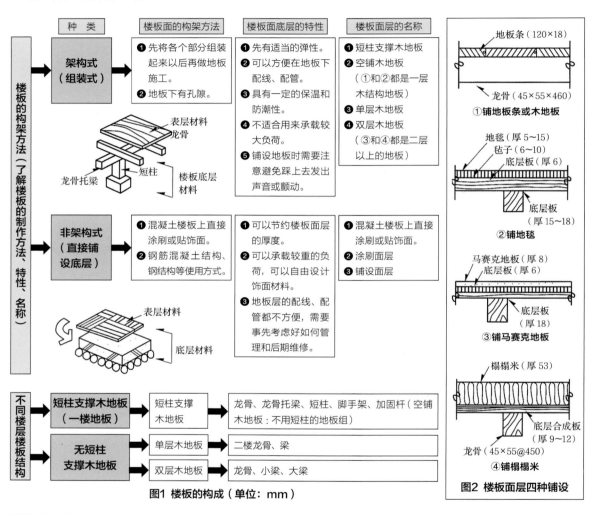

图1 楼板的构成（单位：mm）

图2 楼板面层四种铺设

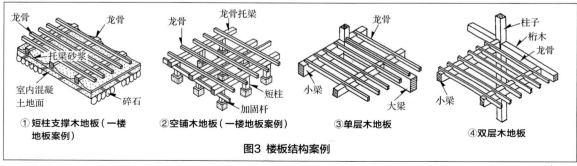

图3 楼板结构案例

■ 墙壁构成 ■

墙壁，无论是在建筑的外侧还是内侧，都具有分割、构成室内空间的作用。这一节，我们根据墙壁的位置，或根据结构力学的支撑方式对墙壁进行简单分类。

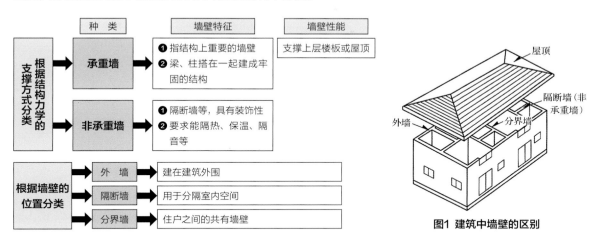

种　类	墙壁特征	墙壁性能

根据结构力学的支撑方式分类

承重墙 → ❶ 指结构上重要的墙壁　❷ 梁、柱搭在一起建成牢固的结构 → 支撑上层楼板或屋顶

非承重墙 → ❶ 隔断墙等，具有装饰性　❷ 要求能隔热、保温、隔音等

根据墙壁的位置分类

外　墙 → 建在建筑外围

隔断墙 → 用于分隔室内空间

分界墙 → 住户之间的共有墙壁

图1 建筑中墙壁的区别

墙壁的结构有传统的木结构和其他结构。在这里，我们来解说这些结构的底层处理和架构方式，以及饰面名称等相关的内容。

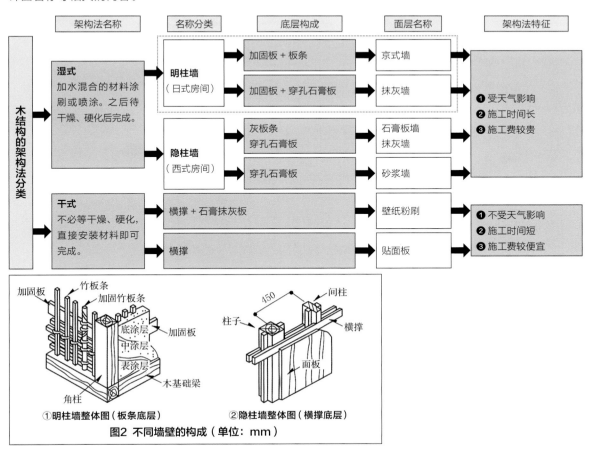

架构法名称	名称分类	底层构成	面层名称	架构法特征
湿式 加水混合的材料涂刷或喷涂。之后待干燥、硬化后完成。	**明柱墙**（日式房间）	加固板 + 板条	京式墙	❶ 受天气影响 ❷ 施工时间长 ❸ 施工费较贵
		加固板 + 穿孔石膏板	抹灰墙	
	隐柱墙（西式房间）	灰板条 穿孔石膏板	石膏板墙 抹灰墙	
		穿孔石膏板	砂浆墙	
干式 不必等干燥、硬化，直接安装材料即可完成。		横撑 + 石膏抹灰板	壁纸粉刷	❶ 不受天气影响 ❷ 施工时间短 ❸ 施工费较便宜
		横撑	贴面板	

木结构的架构法分类

① 明柱墙整体图（板条底层）
② 隐柱墙整体图（横撑底层）
图2 不同墙壁的构成（单位：mm）

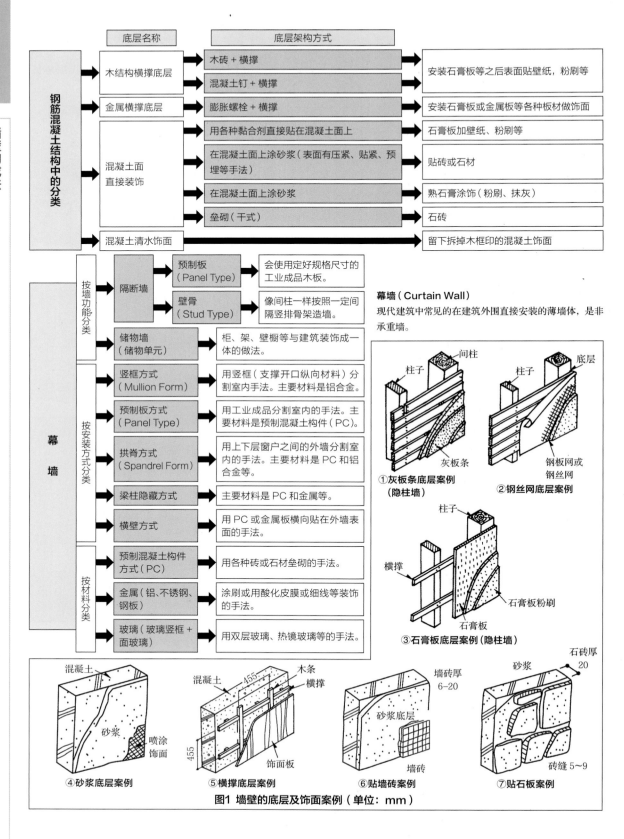

图1 墙壁的底层及饰面案例（单位：mm）

■ 天花板构成 ■

这一节以日式天花板为例，对天花板的架构法、饰面、底层的分类做出说明。

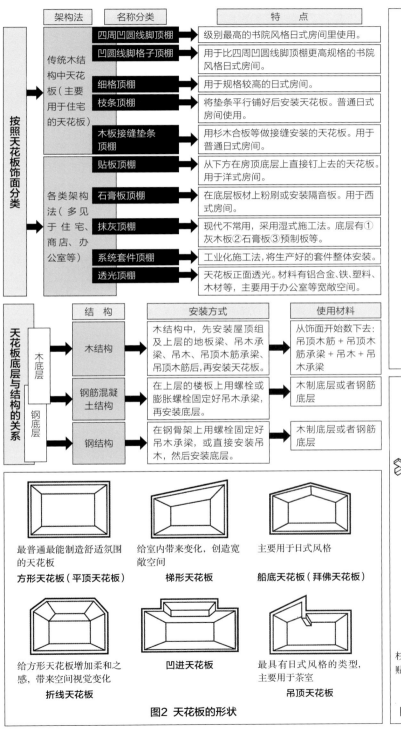

架构法	名称分类	特 点
传统木结构中天花板（主要用于住宅的天花板）	四周凹圆线脚顶棚	级别最高的书院风格日式房间里使用。
	凹圆线脚格子顶棚	用于比四周凹圆线脚顶棚更高规格的书院风格日式房间。
	细格顶棚	用于规格较高的日式房间。
	枝条顶棚	将垫条平行铺好后安装天花板。普通日式房间使用。
	木板接缝垫条顶棚	用杉木合板等做接缝安装的天花板。用于普通日式房间。
各类架构法（多见于住宅、商店、办公室等）	贴板顶棚	从下方在房顶底层上直接钉上去的天花板。用于洋式房间。
	石膏板顶棚	在底层板材上粉刷或安装隔音板。用于西式房间。
	抹灰顶棚	现代不常用，采用湿式施工法。底层有①灰木板②石膏板③预制板等。
	系统套件顶棚	工业化施工法，将生产好的套件整体安装。
	透光顶棚	天花板正面透光。材料有铝合金、铁、塑料、木材等，主要用于办公室等宽敞空间。

（按照天花板饰面分类）

	结 构	安装方式	使用材料
天花板底层与结构的关系（木底层 / 钢底层）	木结构	木结构中，先安装屋顶组及上层的地楞梁、吊木承梁、吊木、吊顶木筋承梁、吊顶木筋后，再安装天花板。	从饰面开始数下去：吊顶木筋＋吊顶木筋承梁＋吊木＋吊木承梁
	钢筋混凝土结构	在上层的楼板上用螺栓或膨胀螺栓固定好吊木承梁，再安装底层。	木制底层或者钢筋底层
	钢结构	在钢骨架上用螺栓固定好吊木承梁，或直接安装吊木，然后安装底层。	木制底层或者钢筋底层

最普通最能制造舒适氛围的天花板
方形天花板（平顶天花板）

给室内带来变化，创造宽敞空间
梯形天花板

主要用于日式风格
船底天花板（拜佛天花板）

给方形天花板增加柔和之感，带来空间视觉变化
折线天花板

凹进天花板

最具有日式风格的类型，主要用于茶室
吊顶天花板

图2 天花板的形状

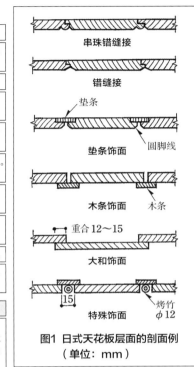

串珠错缝接

错缝接

垫条

垫条饰面 — 圆脚线

木条饰面 — 木条

重合 12～15

大和饰面

15 — 烤竹 φ12

特殊饰面

图1 日式天花板层面的剖面例（单位：mm）

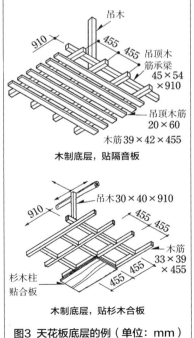

吊木

910

455 455

吊顶木筋承梁 45×54×910

吊顶木筋 20×60

木筋 39×42×455

木制底层，贴隔音板

吊木 30×40×910

910

455 455

木筋 33×39×455

455 455

杉木柱
贴合板

木制底层，贴杉木合板

图3 天花板底层的例（单位：mm）

建造

建造指的是针对建筑结构体以外的的木架构施工（木基础、梁柱等所有骨架部分）结束以后的其他需要制作部分的施工总称。下面将各项施工汇总如下。

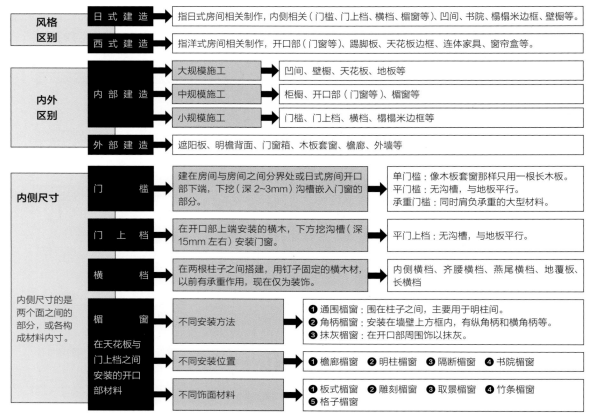

| 风格区别 | 日式建造 | → | 指日式房间相关制作，内侧相关（门槛、门上档、横档、楣窗等）、凹间、书院、榻榻米边框、壁橱等。 |
| | 西式建造 | → | 指洋式房间相关制作，开口部（门窗等）、踢脚板、天花板边框、连体家具、窗帘盒等。 |

内外区别

内部建造	大规模施工	→	凹间、壁橱、天花板、地板等
	中规模施工	→	柜橱、开口部（门窗等）、楣窗等
	小规模施工	→	门槛、门上档、横档、榻榻米边框等
外部建造	→	遮阳板、明檐背面、门窗箱、木板套窗、檐廊、外墙等

内侧尺寸

内侧尺寸的是两个面之间的部分，或各构成材料内寸。

门槛	→	建在房间与房间之间分界处或日式房间开口部下端，下挖（深2~3mm）沟槽嵌入门窗的部分。	→	单门槛：像木板套窗那样只用一根长木板。平门槛：无沟槽，与地板平行。承重门槛：同时肩负承重的大型材料。
门上档	→	在开口部上端安装的横木，下方挖沟槽（深15mm左右）安装门窗。	→	平门上档：无沟槽，与地板平行。
横档	→	在两根柱子之间搭建，用钉子固定的横木材，以前有承重作用，现在仅为装饰。	→	内侧横档、齐腰横档、燕尾横档、地覆板、长横档

楣窗

在天花板与门上档之间安装的开口部材料

不同安装方法	→	❶ 通围楣窗：围在柱子之间，主要用于明柱间。❷ 角柄楣窗：安装在墙壁上方框内，有纵角柄和横角柄等。❸ 抹灰楣窗：在开口部周围饰以抹灰。
不同安装位置	→	❶ 檐廊楣窗 ❷ 明柱楣窗 ❸ 隔断楣窗 ❹ 书院楣窗
不同饰面材料	→	❶ 板式楣窗 ❷ 雕刻楣窗 ❸ 取景楣窗 ❹ 竹条楣窗 ❺ 格子楣窗

图1 建造施工种类

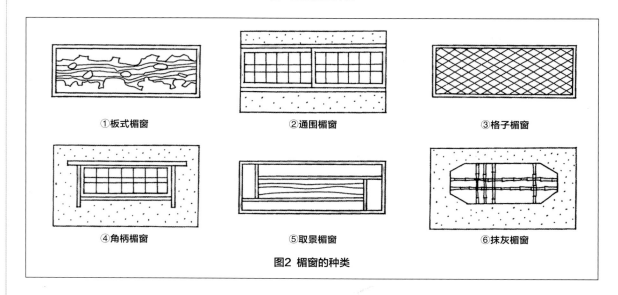

①板式楣窗　　②通围楣窗　　③格子楣窗

④角柄楣窗　　⑤取景楣窗　　⑥抹灰楣窗

图2 楣窗的种类

■ 凹间的构成 ■

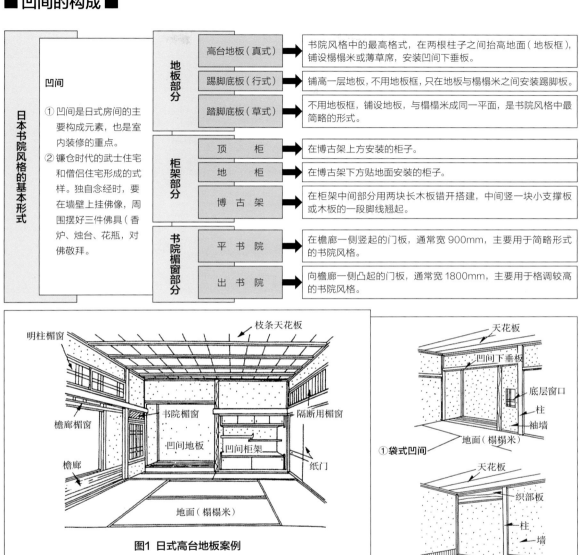

日本书院风格的基本形式	凹间 ①凹间是日式房间的主要构成元素，也是室内装修的重点。②镰仓时代的武士住宅和僧侣住宅形成的式样。独自念经时，要在墙壁上挂佛像，周围摆好三件佛具（香炉、烛台、花瓶，对佛敬拜。	地板部分	高台地板（真式）	书院风格中的最高格式，在两根柱子之间抬高地面（地板框），铺设榻榻米或薄草席，安装凹间下垂板。
			踢脚底板（行式）	铺高一层地板，不用地板框，只在地板与榻榻米之间安装踢脚板。
			踏脚底板（草式）	不用地板框，铺设地板，与榻榻米成同一平面，是书院风格中最简略的形式。
		柜架部分	顶柜	在博古架上方安装的柜子。
			地柜	在博古架下方贴地面安装的柜子。
			博古架	在柜架中间部分用两块长木板错开搭建，中间竖一块小支撑板或木板的一段脚线翘起。
		书院楣窗部分	平书院	在檐廊一侧竖起的门板，通常宽900mm，主要用于简略形式的书院风格。
			出书院	向檐廊一侧凸起的门板，通常宽1800mm，主要用于格调较高的书院风格。

图1 日式高台地板案例

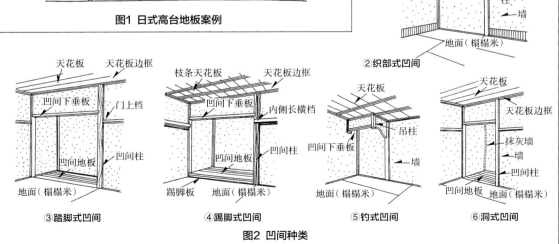

图2 凹间种类

■ 内部建造施工 ■

内部建造都包括哪些施工内容呢？我们在这里主要介绍一下。

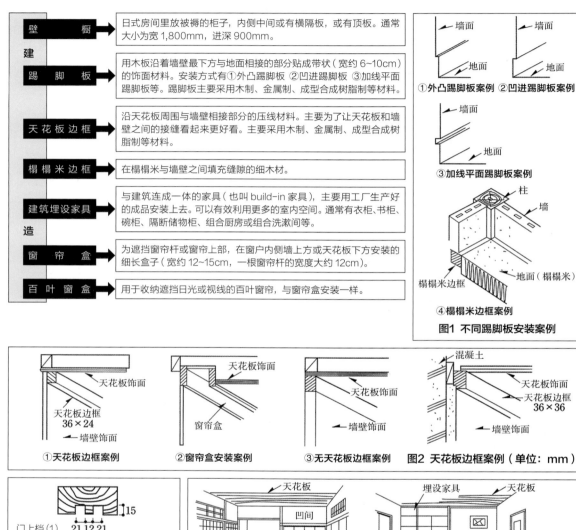

壁　橱	日式房间里放被褥的柜子，内侧中间或有横隔板，或有顶板。通常大小为宽 1,800mm，进深 900mm。
踢　脚　板	用木板沿着墙壁最下方与地面相接的部分贴成带状（宽约 6~10cm）的饰面材料。安装方式有①外凸踢脚板 ②凹进踢脚板 ③加线平面踢脚板等。踢脚板主要采用木制、金属制、成型合成树脂制等材料。
天 花 板 边 框	沿天花板周围与墙壁相接部分的压线材料。主要为了让天花板和墙壁之间的接缝看起来更好看。主要采用木制、金属制、成型合成树脂制等材料。
榻 榻 米 边 框	在榻榻米与墙壁之间填充缝隙的细木材。
建筑埋设家具	与建筑连成一体的家具（也叫 build-in 家具），主要用工厂生产好的成品安装上去。可以有效利用更多的室内空间。通常有衣柜、书柜、碗柜、隔断储物柜、组合厨房或组合洗漱间等。
窗 帘 盒	为遮挡窗帘杆或窗帘上部，在窗户内侧墙上方或天花板下方安装的细长盒子（宽约 12~15cm，一根窗帘杆的宽度大约 12cm）。
百 叶 窗 盒	用于收纳遮挡日光或视线的百叶窗帘，与窗帘盒安装一样。

①外凸踢脚板案例　②凹进踢脚板案例

③加线平面踢脚板案例

④榻榻米边框案例

图1 不同踢脚板安装案例

①天花板边框案例

②窗帘盒安装案例

③无天花板边框案例

图2 天花板边框案例（单位：mm）

①日式风格建造（日式房间）

②洋式风格建造（洋式房间）

图3 日式房间建造案例

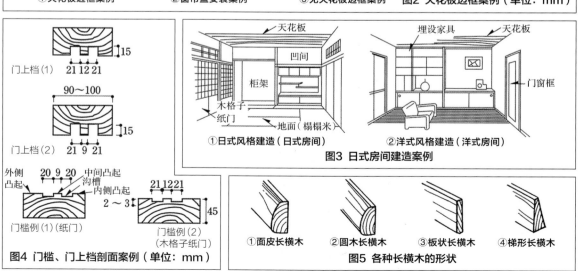

门上档(1)　21 12 21　15

门上档(2)　90~100　21 9 21　15

外侧凸起　20 9 20　中间凸起
沟槽
内侧凸起
21 12 21
2~3
门槛例(1)(纸门)
门槛例(2)(木格子纸门)　45

图4 门槛、门上档剖面案例（单位：mm）

①面皮长横木　②圆木长横木　③板状长横木　④梯形长横木

图5 各种长横木的形状

■门窗的种类■

这里的门窗指的是开口部安装的门板、窗户板等这些可以开关的"可动部分"，以及安装门窗板所需的门窗框这些"固定部分"的总称。这一节会说明室内都用到哪些门窗。

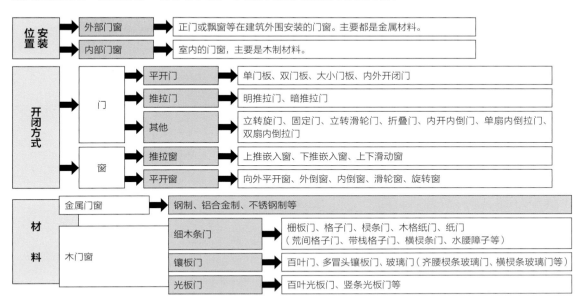

安装位置
- 外部门窗 → 正门或飘窗等在建筑外围安装的门窗。主要都是金属材料。
- 内部门窗 → 室内的门窗，主要是木制材料。

开闭方式
- 门
  - 平开门 → 单门板、双门板、大小门板、内外开闭门
  - 推拉门 → 明推拉门、暗推拉门
  - 其他 → 立转旋门、固定门、立转滑轮门、折叠门、内开内倒门、单扇内倒拉门、双扇内倒拉门
- 窗
  - 推拉窗 → 上推嵌入窗、下推嵌入窗、上下滑动窗
  - 平开窗 → 向外平开窗、外倒窗、内倒窗、滑轮窗、旋转窗

材料
- 金属门窗 → 钢制、铝合金制、不锈钢制等
- 木门窗
  - 细木条门 → 栅板门、格子门、棂条门、木格纸门、纸门（荒间格子门、带栈格子门、横棂条门、水腰障子等）
  - 镶板门 → 百叶门、多冒头镶板门、玻璃门（齐腰棂条玻璃门、横棂条玻璃门等）
  - 光板门 → 百叶光板门、竖条光板门等

门窗类需要牢固地安装在建筑体上，安装方式通常用门窗框的详细图表示。

安装
- 金属门窗
  - 木结构 → 通常由门槛、上门框、左右竖框构成，安装方式是嵌入上下左右框中。
  - 混凝土结构 → 在门窗框上安装合页并与结构体连接。
  - 钢结构 → 将门窗框上的合页与钢筋焊接在一起安装。
- 木门窗 → 门框上分别安装纵轴、上轴、下轴，然后在门窗框上安装门窗档。

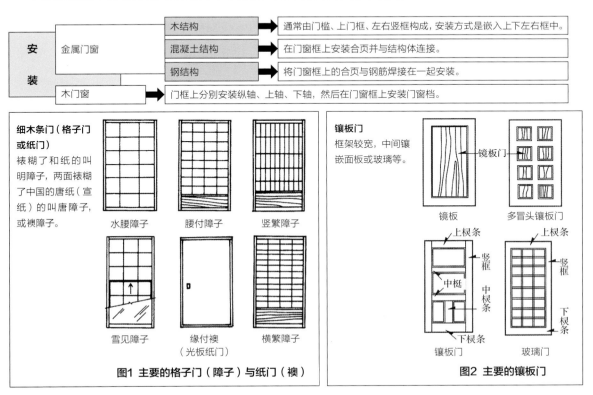

细木条门（格子门或纸门）

裱糊了和纸的叫明障子，两面裱糊了中国的唐纸（宣纸）的叫唐障子，或襖障子。

水腰障子　腰付障子　竖繁障子

雪见障子　缘付襖（光板纸门）　横繁障子

图1 主要的格子门（障子）与纸门（襖）

镶板门

框架较宽，中间镶嵌面板或玻璃等。

镜板门

镜板　多冒头镶板门

上棂条　竖框　中棂条　中框　下棂条

镶板门　玻璃门

图2 主要的镶板门

出入口等开口部分的形式以及主要名称、特征如下表所示。

表1 门窗标记

名　称	形　式	平面记号	示意图	形成开口部的特征
一般出入口	通用	（外　部）（内　部）	（内部）	·表示有出入口。 ·限于缩尺在1/200以上的较小图纸中不标注门窗或开闭方式。
明推拉门（单/双）	可水平、平行移动			·沿着沟槽、轨道水平方向移动。 ·只能单向移动。
暗推拉门（对关、交错关）				·单向移动，退到墙壁内侧。从室外看不到门。 ·两扇（或三、四扇）门可以左右自由移动。
平开门（单/双/大小）	以垂直轴转动			·门以垂直方向为轴向内或外转动。向内转动的叫内平开门。
内外开闭门				·两扇门板可向内向外自由旋转。 ·也叫自由转动门。
折叠门				·两扇以上的门板连接在一起，可折叠打开的门。 ·通常上悬形式较多。
旋转门				·四扇门板以十字组合，以中心为轴旋转。 ·饭店使用这种类型的较多。
内开内倒门	以水平轴和垂直轴转动			·可以向内倒向内打开的门。向内倒下后自动锁定，可以通风、换气。 ·由德国GU公司开发。
单扇内倒推拉门	以水平轴转动，并可水平移动			·推拉门可向内倒，拉直后还能水平移动。
双扇内倒推拉门				·门板面与其他玻璃为同一平面。 ·门板可向内倒。（用于换气） ·门板在室内一侧可水平移动成为推拉门。

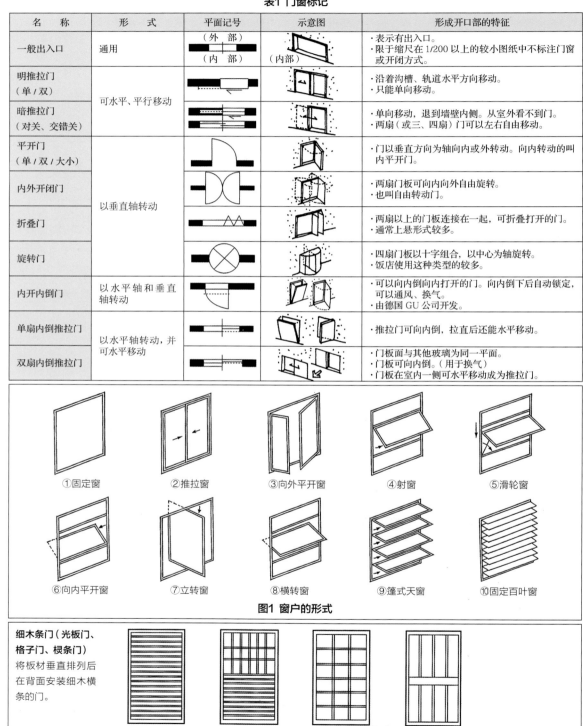

①固定窗　②推拉窗　③向外平开窗　④射窗　⑤滑轮窗

⑥向内平开窗　⑦立转窗　⑧横转窗　⑨篷式天窗　⑩固定百叶窗

图1 窗户的形式

细木条门（光板门、格子门、棂条门）

将板材垂直排列后在背面安装细木横条的门。

①横棂条门　②棂条玻璃门　③荒间格子门　④带棂格子门　**图2 门的形式**

楼梯是用来连接上下楼层的。特别是现代进入老龄化社会，更需要考虑楼梯的安全和省力的设计方式。除了楼梯以外，在为老年人设计的住宅中，室内电梯也逐渐开始普及。

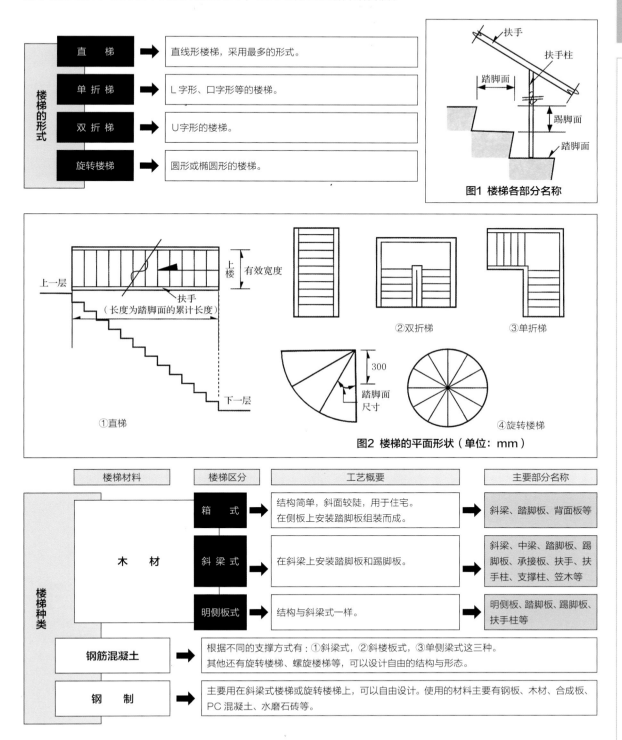

楼梯材料	楼梯区分	工艺概要	主要部分名称
木材	箱式	结构简单，斜面较陡，用于住宅。在侧板上安装踏脚板组装而成。	斜梁、踏脚板、背面板等
	斜梁式	在斜梁上安装踏脚板和踢脚板。	斜梁、中梁、踏脚板、踢脚板、承接板、扶手、扶手柱、支撑柱、笠木等
	明侧板式	结构与斜梁式一样。	明侧板、踏脚板、踢脚板、扶手柱等
钢筋混凝土		根据不同的支撑方式有：①斜梁式，②斜楼板式，③单侧梁式这三种。其他还有旋转楼梯、螺旋楼梯等，可以设计自由的结构与形态。	
钢制		主要用在斜梁式楼梯或旋转楼梯上，可以自由设计。使用的材料主要有钢板、木材、合成板、PC混凝土、水磨石砖等。	

室
内
构
件

今天，我们生活空间中的大多数构件，都是伴随着建筑的工业化，在工厂里被生产出来的。室内空间就由这些构件所构成，被称作内装修材料。这一节，我们来说明一下室内空间中的工业化的一些基础知识。

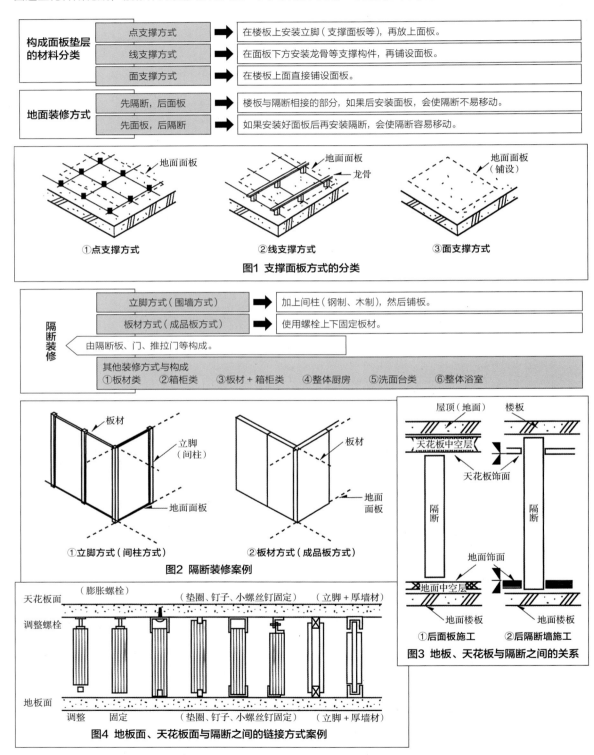

构成面板垫层的材料分类	点支撑方式	➡	在楼板上安装立脚（支撑面板等），再放上面板。
	线支撑方式	➡	在面板下方安装龙骨等支撑构件，再铺设面板。
	面支撑方式	➡	在楼板上面直接铺设面板。
地面装修方式	先隔断，后面板	➡	楼板与隔断相接的部分，如果后安装面板，会使隔断不易移动。
	先面板，后隔断	➡	如果安装好面板后再安装隔断，会使隔断容易移动。

①点支撑方式　②线支撑方式　③面支撑方式

图1 支撑面板方式的分类

| 隔断装修 | 立脚方式（围墙方式） | ➡ | 加上间柱（钢制、木制），然后铺板。 |
| | 板材方式（成品板方式） | ➡ | 使用螺栓上下固定板材。 |

由隔断板、门、推拉门等构成。

其他装修方式与构成
①板材类　②箱柜类　③板材＋箱柜类　④整体厨房　⑤洗面台类　⑥整体浴室

①立脚方式（间柱方式）　②板材方式（成品板方式）

图2 隔断装修案例

①后面板施工　②后隔断墙施工

图3 地板、天花板与隔断之间的关系

图4 地板面、天花板面与隔断之间的链接方式案例

重点知识填空-6

❶ 铺设檐廊板等的木质地板饰面时，需要在下面铺设【1】或在垫材上打钉子。

❷ 在木结构垫材上面铺地砖时，要先铺一层防水布，再铺钢丝网，做好【2】垫层。

❸ 铺设榻榻米的地面下方有保温板、底层地面、龙骨、龙骨托梁，除此以外还要安装【3】。

❹ 用于覆盖梁柱等结构件的【4】，最近直接用石膏板贴在结构件上的做法较多。

❺ 通常，日式房间的室内构件到天花板边框之间安装的墙壁叫作【5】。

❻ 安装石膏板时，如果安装在木结构上，则需要在【6】上打钉，如果安装在钢结构上，则需要用到自攻螺丝，并在混凝土底层上涂抹砂浆。

❼ 天花板底层使用【7】时，可以像抹灰一样将板材接缝抹平，装修成无缝的平面底层。

❽ 枝条天花板是装修日式房间最常用的手法，以【8】承受天花板面。

❾ 抹灰天花板因为是【9】施工法，比较费事也花时间。而且因为操作的时候身体向上，是需要水平较高的技术才能做到的，所以最近很难见到。

❿ 厨房的天花板需要考虑防火性，因此采用【10】垫层并用水性漆喷刷。

⓫ 通常木结构的构件接合时，有角度接合的方式叫【11】，接合成为直线状的方式叫【12】。

⓬ 建造材料等需要加工成的圆脚线中，切面、圆面、鱼糕面、凸脚线、坡面，这些与脚线加工无关的词是【13】。

⓭ 日式风格建造中的门槛、上门框、横木板条、【14】等，是从室内可以看到的构件，选择材料时要特别注意。

⓮ 通常西式房间中，与地面相接的内墙面处，为了组装的合理性（看上去更好看）以及保护墙面，会安装【15】。

⓯ 窗户的类型有推拉窗、上下拉窗、玻璃百叶窗、射窗、内开内倒窗等，其中，在室内打扫起来最方便的就是【16】。

⓰ 在门框内加木条或搭成蜂窝状作为芯材，在两侧用合板等薄板压制在一起的门叫作【17】。

⓱ 楼梯构件中，踏脚板、踢脚板、镜面板、斜梁、扶手、凸吻防滑这些词汇中，与楼梯无关的是【18】。

⓲ 通常用于代替楼梯的斜坡，倾角应该在【19】以下，表面要做防滑处理。

⓳ 在板材的上下部分用立脚或沟槽固定的隔断，叫作【20】隔断。

⓴ 地板与天花板之间安装隔断的方式叫【21】，施工后虽然对容易移动隔断这一点上有利，但是地板和天花板需要有足够的承重力以承受隔断墙的重量和移动它时的外力。

㉑ 整体空间包含了人的所有动作空间，其中，通常包含洗浴、洗脸、厕所功能的整体空间叫作【22】。

关键词

1：龙骨

2：砂浆

3：榻榻米边框

4：隐柱墙

5：挂镜线上方墙

6：横撑

7：石膏板

8：吊顶木筋承梁

9：湿式

10：石膏板

11：交叉接榫

12：对接榫

13：坡面

14：横窗板

15：踢脚线

16：内开内倒窗

17：齐边拉门
（Flush door）

18：镜面板

19：1/8

20：板材式

21：先地面后隔断施工方式

22：整体卫生间

室内装饰与建筑材料

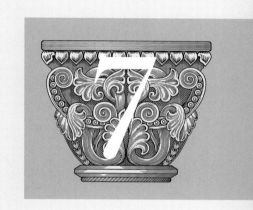

学习重点

所谓的材料设计，是指地板、墙面、天花板等饰面材料的搭配，
而最重要的是把握各种内装修饰面材料的性能、颜色、花纹、质
地的前提下进行设计。
在此我们来学习各种建筑材料的分类和特性。

本章我们将学习以下内容：
一、了解结构材料的种类和各自的特性。
二、了解地板、墙面、天花板内装修材料的种类和各自的特点。
三、了解功能材料的种类和各自的特点，并掌握其使用方法。

■ 结构材料 ■

这里不仅涉及有关室内装饰的材料，还要研究构成常用作室内装饰的建筑物结构材料。首先，我们来列举一下与建筑、室内装饰相关的各种材料。

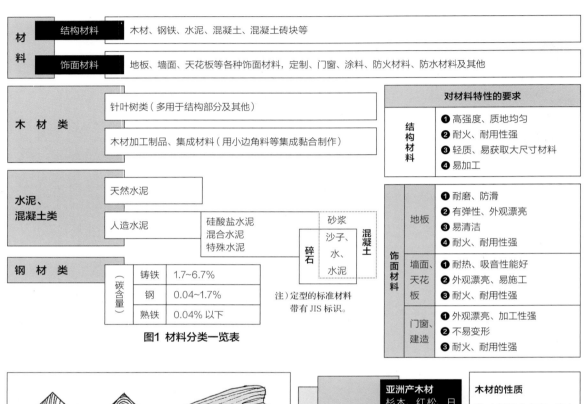

材料	结构材料	木材、钢铁、水泥、混凝土、混凝土砖块等
	饰面材料	地板、墙面、天花板等各种饰面材料，定制、门窗、涂料、防火材料、防水材料及其他

木 材 类	针叶树类（多用于结构部分及其他）
	木材加工制品、集成材料（用小边角料等集成黏合制作）

水泥、混凝土类	天然水泥		
	人造水泥	硅酸盐水泥 混合水泥 特殊水泥	

砂浆：沙子、水、水泥
混凝土：碎石、沙子、水、水泥

注）定型的标准材料带有 JIS 标识。

钢 材 类	（碳含量）	铸铁	1.7~6.7%
		钢	0.04~1.7%
		熟铁	0.04% 以下

图1 材料分类一览表

对材料特性的要求		
结构材料	❶ 高强度、质地均匀 ❷ 耐火、耐用性强 ❸ 轻质、易获取大尺寸材料 ❹ 易加工
饰面材料	地板	❶ 耐磨、防滑 ❷ 有弹性、外观漂亮 ❸ 易清洁 ❹ 耐火、耐用性强
	墙面、天花板	❶ 耐热、吸音性能好 ❷ 外观漂亮、易施工 ❸ 耐火、耐用性强
	门窗、建造	❶ 外观漂亮、加工性强 ❷ 不易变形 ❸ 耐火、耐用性强

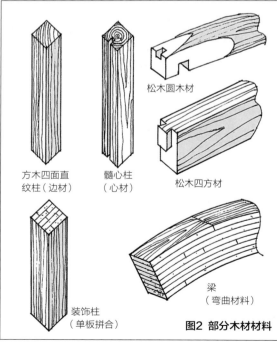

松木圆木材

方木四面直纹柱（边材）　髓心柱（心材）　松木四方材

装饰柱（单板拼合）　梁（弯曲材料）

图2 部分木材材料

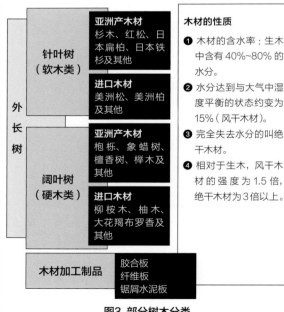

外长树	针叶树（软木类）	**亚洲产木材** 杉木、红松、日本扁柏、日本铁杉及其他
		进口木材 美洲松、美洲柏及其他
	阔叶树（硬木类）	**亚洲产木材** 枹栎、象蜡树、檀香树、榉木及其他
		进口木材 柳桉木、柚木、大花羯布罗香及其他

木材加工制品	胶合板 纤维板 锯屑水泥板

木材的性质

❶ 木材的含水率：生木中含有 40%~80% 的水分。
❷ 水分达到与大气中湿度平衡的状态约变为 15%（风干木材）。
❸ 完全失去水分的叫绝干木材。
❹ 相对于生木，风干木材的强度为 1.5 倍，绝干木材为 3 倍以上。

图3 部分树木分类

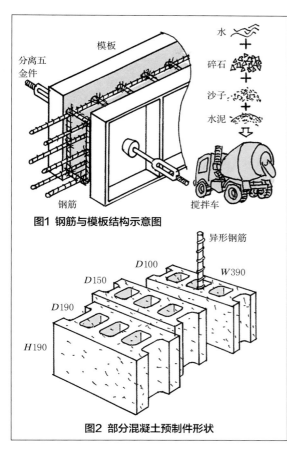

图1 钢筋与模板结构示意图

水 ≈≈≈
+
碎石
+
沙子
+
水泥
⇩

图2 部分混凝土预制件形状

混凝土	普通混凝土（采用普通骨材）

特殊混凝土	• 轻质混凝土 • 严寒、酷热混凝土 • 流动性混凝土 • 高流动性混凝土 • 高强度混凝土 • 预应力混凝土（用于强化抗扭力结构） • 预浇铸复合混凝土

	区分	种类	大小（mm）	用途
混凝土砖块	普通砖块	基本型 A 类 （25kg/cm² 以上）	长 390 高 190	隔断、围墙
	防水砖块	B 类 （40kg/cm² 以上） C 类 （60kg/cm² 以上）	厚 { 100 150 190	建筑物的结构

水泥制品	砂浆类	• 厚型石板瓦（JIS A 5402）
	石棉类	• 石棉瓦、石棉水泥、珍珠岩板及其他
	木浆类	• 木浆水泥板 • 装饰木浆水泥板
	木质类	• 锯屑水泥板、木片水泥板
	人造石	• 水磨石砖、水磨石瓷砖

图3 水泥相关产品分类一览表

金属制品	结构用材料	❶ 型钢：山型钢、I 型钢、H 型钢及其他 ❷ 钢棍：钢棍、异形钢棍 ❸ 钢板类：平钢、钢板、薄钢板 ❹ 钢管：铸铁管 ❺ 轻量型钢：轻沟型钢、卷边沟型钢、卷边 Z 型钢及其他
	结构用五金件	❶ 铆钉 ❷ 螺钉 ❸ 螺母 ❹ 木螺丝 ❺ 锔子 ❻ 交叉榫、对接榫的补强五金件等

此外，这些建筑用材还运用于门窗、临时结构等。

图4 部分金属制品的分类

其他的结构材料，还包括为了营造广阔空间而采用的诸如东京圆顶棒球场的充气膜结构。

充气膜

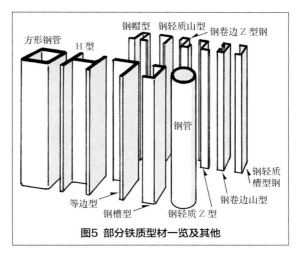

图5 部分铁质型材一览及其他

内装修饰面材料

■ 地板饰面材料 ■

地板的饰面材料按材质分类有以下几种。

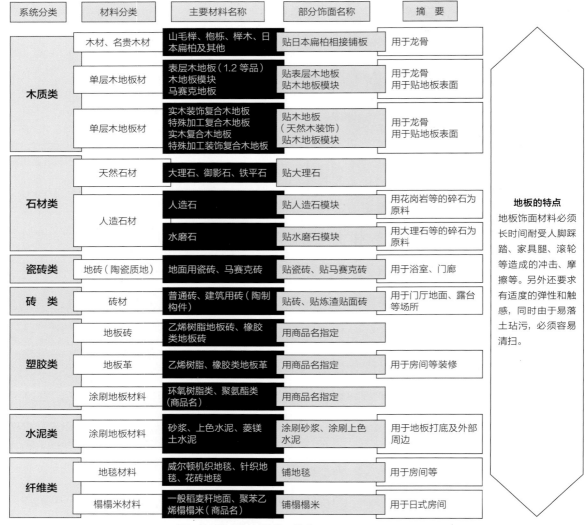

系统分类	材料分类	主要材料名称	部分饰面名称	摘 要
木质类	木材、名贵木材	山毛榉、枹栎、榉木、日本扁柏及其他	贴日本扁柏相接铺板	用于龙骨
	单层木地板材	表层木地板（1.2 等品）木地板模块 马赛克地板	贴表层木地板 贴木地板模块	用于龙骨 用于贴地板表面
	单层木地板材	实木装饰复合木地板 特殊加工复合木地板 实木复合木地板 特殊加工装饰复合木地板	贴木地板（天然木装饰）贴木地板模块	用于龙骨 用于贴地板表面
石材类	天然石材	大理石、御影石、铁平石	贴大理石	
	人造石材	人造石	贴人造石模块	用花岗岩等的碎石为原料
		水磨石	贴水磨石模块	用大理石等的碎石为原料
瓷砖类	地砖（陶瓷质地）	地面用瓷砖、马赛克砖	贴瓷砖、贴马赛克砖	用于浴室、门廊
砖 类	砖材	普通砖、建筑用砖（陶制构件）	贴砖、贴炼渣贴面砖	用于门厅地面、露台等场所
塑胶类	地板砖	乙烯树脂地板砖、橡胶类地板砖	用商品名指定	
	地板革	乙烯树脂、橡胶类地板革	用商品名指定	用于房间等装修
	涂刷地板材料	环氧树脂类、聚氨酯类（商品名）	用商品名指定	
水泥类	涂刷地板材料	砂浆、上色水泥、菱镁土水泥	涂刷砂浆、涂刷上色水泥	用于地板打底及外部周边
纤维类	地毯材料	威尔顿机织地毯、针织地毯、花砖地毯	铺地毯	用于房间等
	榻榻米材料	一般稻麦秆地面、聚苯乙烯榻榻米（商品名）	铺榻榻米	用于日式房间

地板的特点

地板饰面材料必须长时间耐受人脚踩踏、家具腿、滚轮等造成的冲击、摩擦等。另外还要求有适度的弹性和触感，同时由于易落土玷污，必须容易清扫。

图1 地板饰面材料分类一览表

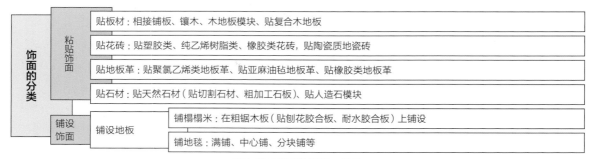

饰面的分类	粘贴饰面	贴板材：相接铺板、镶木、木地板模块、贴复合木地板
		贴花砖：贴塑胶类、纯乙烯树脂类、橡胶类花砖，贴陶瓷质地瓷砖
		贴地板革：贴聚氯乙烯类地板革、贴亚麻油毡地板革、贴橡胶类地板革
		贴石材：贴天然石材（贴切割石材、粗加工石板）、贴人造石模块
	铺设饰面 铺设地板	铺榻榻米：在粗锯木板（贴刨花胶合板、耐水胶合板）上铺设
		铺地毯：满铺、中心铺、分块铺等

图2 地板饰面的种类一览表

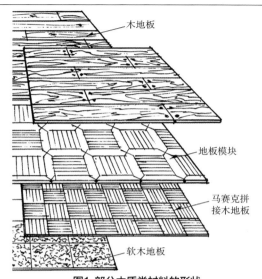

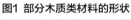

图1 部分木质类材料的形状

1. 木质材料

木材轻便，易于加工，较耐用，并有适当的强度，由于具有自然的风格、温暖感、色彩和质感，很受人们喜爱，是用途广泛的饰面材料。

一般将木制的地板贴合材料叫木地板。其中包括板材、模块、拼接地板等。

各种木地板的紧密材（用一根树木加工制成的产品）会显得高端。为了解决原木材上翘、扭曲的问题，有将单层板黏合成胶合板的复合木地板。

作为地板材料的树种，有坚硬材质的枹栎、橡木、山毛榉、榉木、柚木、澳洲松等。

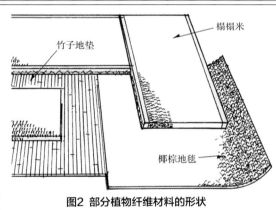

图2 部分植物纤维材料的形状

2. 植物纤维材料

麦秆接地，表面覆以灯芯草的榻榻米，是诞生于日本的地板材料。具有优良的缓冲性、吸湿性和触感。通常在较长的两侧带有包边。也有不包边的琉球榻榻米。

用椰棕、亚麻织造的地毯，用细小的藤条和竹子编织的地垫，是具有独特清凉触感的地板材料。

3. 动物、化学纤维类材料（地毯）

地毯分为用丝绸和羊毛等动物性纤维织造的产品和尼龙、丙烯、聚酯纤维、聚丙烯等化学纤维织造的产品。大体上地毯分为以下几种。

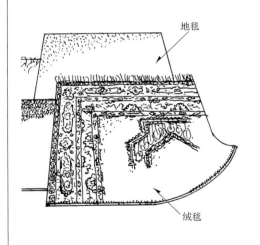

图3 部分地毯形状

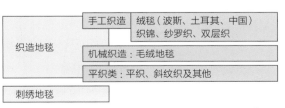

除此以外还有编织地毯、缝制地毯、压缩地毯、贴面地毯等。

图4 部分地毯的分类

内
装
修
饰
面
材
料

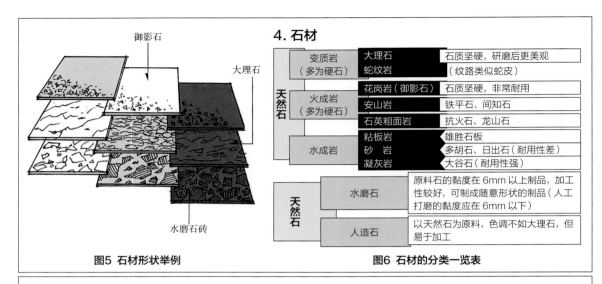

御影石

大理石

水磨石砖

图5 石材形状举例

4. 石材

天然石	变质岩（多为硬岩）	大理石 蛇纹岩	石质坚硬，研磨后更美观 （纹路类似蛇皮）
	火成岩（多为硬岩）	花岗岩（御影石）	石质坚硬，非常耐用
		安山岩	铁平石、间知石
		石英粗面岩	抗火石、龙山石
	水成岩	粘板岩	雄胜石板
		砂 岩	多胡石、日出石（耐用性差）
		凝灰岩	大谷石（耐用性强）

天然石	水磨石	原料石的黏度在 6mm 以上制品，加工性较好，可制成随意形状的制品（人工打磨的黏度应在 6mm 以下）
	人造石	以天然石为原料，色调不如大理石，但易于加工

图6 石材的分类一览表

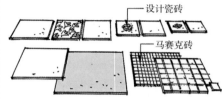

设计瓷砖

马赛克砖

图7 部分陶瓷砖的形状

5. 陶瓷砖

　　用陶石、长石、硅石黏土等加水粉碎后调和，烧制成型为板状的制品。特别是根据烧制温度的不同，可制成瓷器质地、粗陶器质地、陶器质地等。

表1 以黏土为原料的陶瓷制品

	特　点	烧制温度	用　途
土器	质地不透明。吸水率高、质软、强度低、无釉面	800~1000°C	红砖、瓦、土管
陶器	质地不透明。多孔、具吸水性、质硬、敲击发出闷音	1000~1250°C	内装陶砖、赤土陶器、浮雕、陶管
粗陶	用有色黏土制作。吸水率为 3~10% 左右	1200~1350°C	内装陶砖、砖、卫生洁具
瓷器	质地为白色。透明度高、坚硬、几乎不吸水、敲击发出清脆音	1250~1450°C	瓷砖、马赛克砖、卫生洁具

注）陶瓷一般指非金属、无机物质经过高温处理后制成的产品。

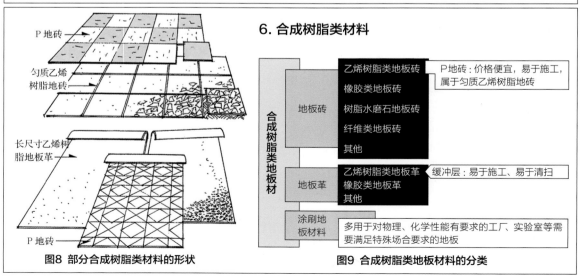

P 地砖

匀质乙烯树脂地砖

长尺寸乙烯脂地板革

P 地砖

图8 部分合成树脂类材料的形状

6. 合成树脂类材料

合成树脂类地板材	地板砖	乙烯树脂类地板砖 橡胶类地板砖 树脂水磨石地板砖 纤维类地板砖 其他	P 地砖：价格便宜，易于施工，属于匀质乙烯树脂地砖
	地板革	乙烯树脂类地板革 橡胶类地板革 其他	缓冲层：易于施工、易于清扫
	涂刷地板材料		多用于对物理、化学性能有要求的工厂、实验室等需要满足特殊场合要求的地板

图9 合成树脂类地板材料的分类

■ 墙壁、天花板饰面材料 ■

在此仅就墙面、天花板饰面材料的主要方面进行说明。

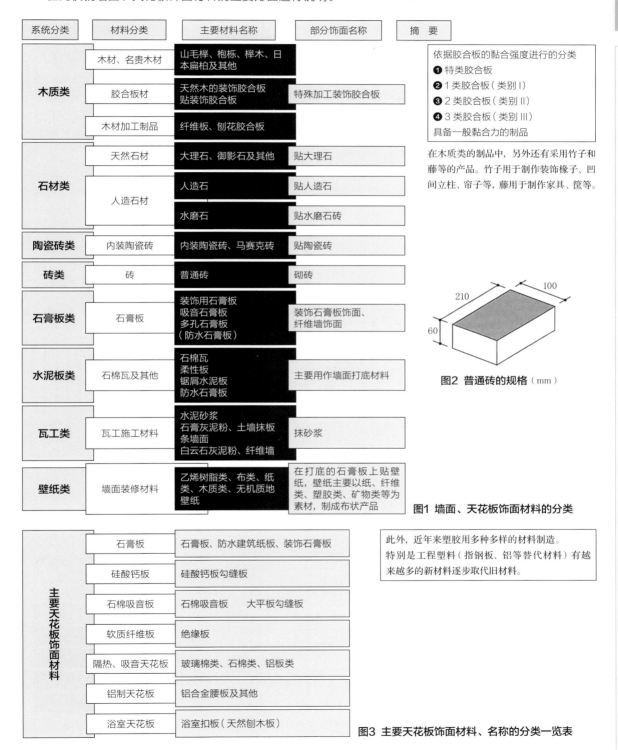

图1 墙面、天花板饰面材料的分类

图2 普通砖的规格（mm）

图3 主要天花板饰面材料、名称的分类一览表

2

内装修饰面材料

■ 墙壁饰面材料 ■

作为室内装饰的构成部分，墙面是视觉上最重要的部分。色彩组合及花纹、材质的配合很重要，而且，对材料还要求具备耐冲击、易清洁、能隔音等特性。

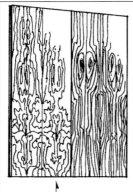

实木装饰胶合板
图1 部分实木装饰胶合板形状①

1. 实木装饰胶合板（1）

木纹、色彩漂亮的实木板黏合成胶合板，营造出充满华丽美感的材料。

为了能直通到达天花板，有些产品长达2435mm~2738mm。

树种包括红木、柚木、胡桃木、蓝花楹、橡木等。

内装上为了阻燃，可使用硅酸钙板作为基材。

2. 实木装饰胶合板（2）

将实木单板贴于耐水胶合板等上面作为墙面、天花板装修时的材料。带有U型或V型的槽，看似接缝的形状。接缝分为固定间距和随意间距，花式处理分为长尺寸、乱尺寸、组合图案等种类。

树种包括檀香树、象蜡树、杉树、柳树、日本扁柏、澳洲松等。一般的规格为宽606×2435×5.7mm。

实木装饰胶合板
图2 部分实木装饰胶合板形状②

3. 装饰板

装饰石膏板
图3 部分装饰石膏板的形状

饰面材料	石膏板	石膏板	厚9.5
		防水纸板	厚12.5
		拼接板	不可燃
			准不可燃
	石棉板	柔性板	
		硅酸钙板	
	刨花胶合板		
	隔热、吸音墙面材料（玻璃棉类、石棉类）		
墙板底板材料 天花	软质纤维板（绝缘板）		
	锯屑水泥板（厚20~30，910×1.82m）		
	木片水泥板		
	砂浆水泥板（厚5，6，910×1.82m）		
	硬质纤维板（硬板）		
	刨花胶合板		

图4 各种板材分类一览表

4. 木质墙面材料（紧密材）

木头特有的柔软触感，色调的温暖感令人倍感亲切，木纹的变化多端令我们百看不厌。

木纹有波浪形的曲线纹和平行的直木纹。

将厚9~15mm，宽80~150mm的木板按横纹或竖纹贴。连接处可采取相互咬合、对榫等手法，板之间的接缝可采用无缝、倒角、箱式、勾缝式等手法进行处理。

树种包括杉树、日本扁柏、松树、檀香树、美洲铁杉、美洲柏等。

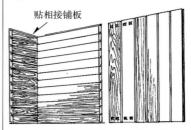

贴相接铺板
图5 部分相接铺板贴合的形状

一般墙壁饰面的胶合板选用特殊板材，主要品种如下。

		实木装饰胶合板	
特殊胶合板	特殊胶合板 印花加工板	装饰胶合板
		贴皮胶合板
		涂装胶合板
		阻燃胶合板

图6 部分胶合板的分类

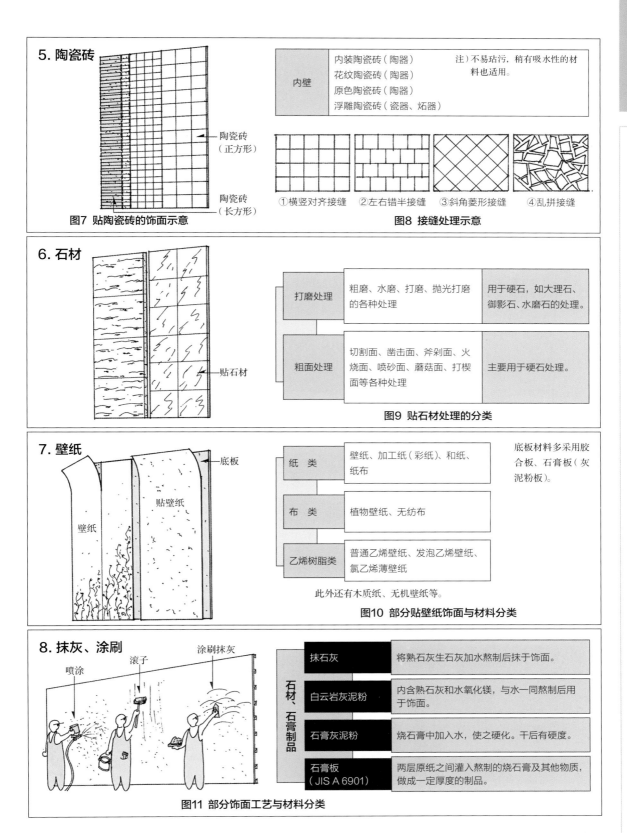

5. 陶瓷砖

图7 贴陶瓷砖的饰面示意

陶瓷砖（正方形）

陶瓷砖（长方形）

内壁	内装陶瓷砖（陶器）
	花纹陶瓷砖（陶器）
	原色陶瓷砖（陶器）
	浮雕陶瓷砖（瓷器、炻器）

注）不易沾污，稍有吸水性的材料也适用。

①横竖对齐接缝　②左右错半接缝　③斜角菱形接缝　④乱拼接缝

图8 接缝处理示意

6. 石材

贴石材

| 打磨处理 | 粗磨、水磨、打磨、抛光打磨的各种处理 | 用于硬石，如大理石、御影石、水磨石的处理。 |
| 粗面处理 | 切割面、凿击面、斧剁面、火烧面、喷砂面、蘑菇面、打楔面等各种处理 | 主要用于硬石处理。 |

图9 贴石材处理的分类

7. 壁纸

底板

贴壁纸

壁纸

纸类	壁纸、加工纸（彩纸）、和纸、纸布
布类	植物壁纸、无纺布
乙烯树脂类	普通乙烯壁纸、发泡乙烯壁纸、氯乙烯薄壁纸

底板材料多采用胶合板、石膏板（灰泥粉板）。

此外还有木质纸、无机壁纸等。

图10 部分贴壁纸饰面与材料分类

8. 抹灰、涂刷

喷涂　滚子　涂刷抹灰

石材、石膏制品	抹石灰	将熟石灰生石灰加水熬制后抹于饰面。
	白云岩灰泥粉	内含熟石灰和水氧化镁，与水一同熬制后用于饰面。
	石膏灰泥粉	烧石膏中加入水，使之硬化。干后有硬度。
	石膏板（JIS A 6901）	两层原纸之间灌入熬制的烧石膏及其他物质，做成一定厚度的制品。

图11 部分饰面工艺与材料分类

■ 天花板饰面材料 ■

相对于地板的触觉性和墙面的视觉性，天花板可以说是体现精神上轻松感的部位。

在天花板的功能性方面，要求具备吸音性、隔热性、防火性；而作为视觉上的要求，是通过与墙面、地板的连续性、对比感构成完整的室内装饰效果。

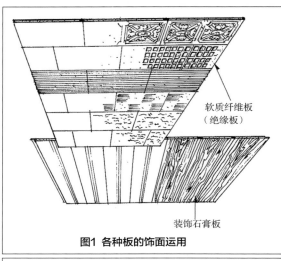

图1 各种板的饰面运用

1. 不同材料的板

以矿物纤维为原料的石棉吸音板是用得最普遍的。此外还有一种以木材纤维为原料的绝缘板。还有多种在成型时压上立体花纹的制品。

在施工时，较易铺设的是303×606×1200mm规格，还有用作系统天花板的11500mm、2800mm等大尺寸制品。

带木纹的制品，除贴实木单板的制品外，还有贴木纹印刷、压花加工的纸或乙烯树脂膜的制品。

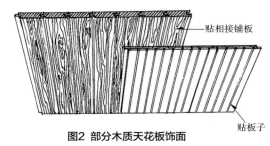

图2 部分木质天花板饰面

2. 木质天花板材（紧密材）

小木屋（用圆木搭建的建筑物）和山庄风格室内装饰的天花板，贴天然的紧密板。这种材料多采用外露的榫头对接施工手法。

材料原树种包括杉树、松树、日本扁柏、榉木等。

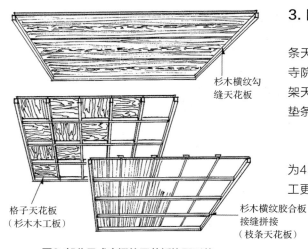

图3 部分日式房间的天花板饰面形状

3. 日式房间天花板

日式房间天花板的样式，分为格子天花板、板条天花板、木板接缝垫条天花板。格子天花板用于寺院和城郭等，是带有厚重感的格子样式。横杆框架天花板具有茶室风格，是平民的样式。木板接缝垫条天花板是近代简约的样式。

树种方面多采用杉树的曲线纹、横纹。

另外近年来，出现了组合式装饰天花板（大小为455×455mm，1250×1850mm等），使得施工更为简单省力。

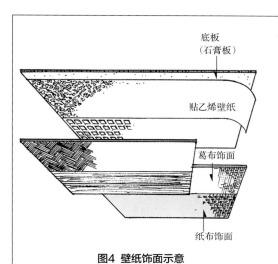

底板
（石膏板）

贴乙烯壁纸

葛布饰面

纸布饰面

图4 壁纸饰面示意

4. 乙烯贴纸

用于天花板的乙烯贴纸，多采用发泡的制品，带有凹凸的质感会增强吸音性。价格便宜并有防火性能也是其主要特点。

与其他壁纸一样，在宽920mm的卷轴状制品上沾上胶水进行张贴。

花纹有编织纹、喷涂纹、斜纹等多种形式，通过印刷技术还可以做成竹箔和木纹。

5. 织物、民间工艺纸布、葛布贴纸

用于日式、民间工艺风格的室内装饰，有飞白花纹的织物、纸、藤蔓编织贴纸。

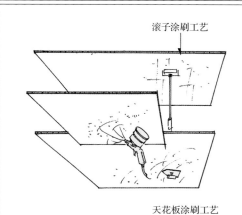

滚子涂刷工艺

天花板涂刷工艺

图5 抹灰、涂刷工艺示意

6. 喷涂工艺

无论采用哪种材料、工艺，都必须处理好施工后的剥离、裂缝问题。

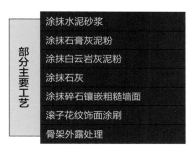

部分主要工艺
涂抹水泥砂浆
涂抹石膏灰泥粉
涂抹白云岩灰泥粉
涂抹石灰
涂抹碎石镶嵌粗糙墙面
滚子花纹饰面涂刷
骨架外露处理

滚子涂刷运用较多。

图6 主要通过瓦工施工的墙面、天花板工艺种类

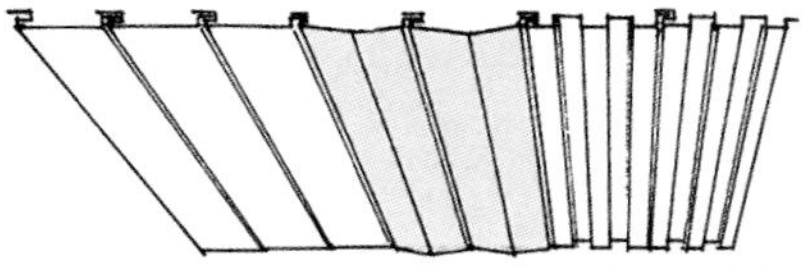

图7 金属扣板示意

铝制天花板材料

浴室扣板（用于浴室天花板）

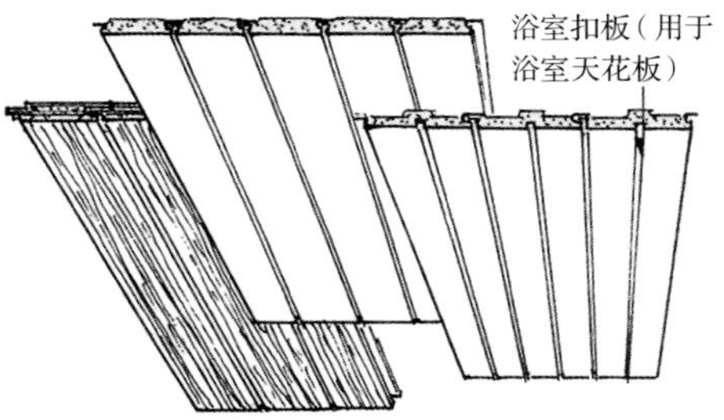

图8 浴室用天花板材料示意

7. 金属扣板

钢板制、铝制、不锈钢制的扣板在家居设计上常用于门厅、屋檐、挑檐的天花板。

8. 浴室用天花板材料

浴室的天花板要避免湿气、结露和容易变脏发霉的情况。铝以及在氯乙烯型材背面打上发泡树脂的材料不易结露，保温性也不错。

为了满足喜好木头触感的客户需求，还可以将有些产品用紧密材和名贵实木单板浸泡树脂，制成耐水、耐腐蚀的材料。

功能材料是指分别发挥其各自性能，以达到抵御自然环境中暑热、声音等目的的材料，主要制品列举如下。

热	隔热材料 ①保温、保冷用材料 ②热传导率在 0.024KJ/m.h.°C（0.0067W/m.k）以下的制品	多孔材料	❶ 石棉（JIS A 9504）（岩棉）
			❷ 玻璃棉（JIS A 9505）用于住宅的隔热底板
			❸ 绝缘板（JIS A 9505）
		发泡塑胶	泡沫聚苯乙烯、聚氨酯泡沫等
		反射性制品	采用高反射率的铝箔
声音	吸音材料 吸音率在 0.2 以上的制品		❶ 多孔材料，用孔穴吸收声音的波动的制品（一般用于吸收中高频声音）。
			❷ 用薄板状材料的背面吸收声音能量的制品。
			❸ 在板状材料上开孔，通过与背后的空气层共鸣达到吸音效果。
	隔音材料		声音难以穿透的材料，包括混凝土、玻璃砖等。
振动	防振材料		❶ 天然橡胶：生橡胶、硫化橡胶。
			❷ 合成橡胶：电绝缘性能优良。 丁二烯橡胶、丁苯橡胶、聚氨酯橡胶、硅胶等。
水	防水材料		❶ 沥青：防水沥青应用广泛。
			❷ 合成高分子屋顶材料（JIS A 6008,6009）。
			❸ 涂膜防水材料：现场涂刷形成防水薄膜层。
			❹ 砂浆防水：加水泥防水剂制成具有防水性的砂浆。
			❺ 密封材料：填充到各种材料的结合部和缝隙里，使之具有水密性、气密性的制品。
火	防火材料		❶ 不可燃材料：混凝土、砖、瓦、玻璃、砂浆等。
			❷ 准不可燃材料：锯屑水泥板、纸浆水泥板、石膏板及其他。
			❸ 阻燃材料：阻燃胶合板、阻燃纤维板、阻燃玻璃板及其他。

此外还有涂料、黏合剂、采光材料（玻璃、塑胶板）等。

图1 功能材料分类一览表

功能性材料

■吸音材料、隔音材料■

吸音材料是可以吸收声音能量的制品。吸音特性受材料、结构（断面）变化影响很大。从主要的吸音特性分类，可分为①多孔材料，②板状材料（用于低频吸音），③有孔板材或膜状材料（用于中高频吸音）等。

隔音材料是指具备声音无法穿透特性（穿透衰减）较强的材料。一般单位面积的质量（kg/m²）越大隔音效果越好（也叫质量定律）。

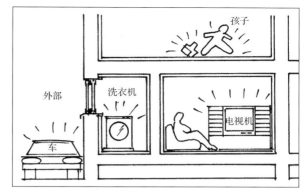

图1 住宅的噪音源

隔音衬层
是经过沥青浸泡的无纺布或配合高比重物质的氯化物衬层。贴于石膏板上，贴于天花板、墙面的底层，在它上面再加上石膏板等饰面。

有孔石膏板
主要用于天花板，对饰面加以涂刷。与玻璃棉等配合施工，发挥吸音性能。石膏板19mm厚度具有8.1kg/mm的面密度，有一定程度的隔音性能。

石棉吸音板
是普遍使用的天花板饰面材料。有些产品通过斜纹加工和打孔加工提高吸音性能。多加一层石膏板能提高吸音、隔音效果。

特殊石棉吸音板
这是贴于音像视听室、音乐室墙壁饰面的打孔加工实木单板。厚12×宽606×长2325mm，面密度为5.4kg/m²等。类似的还有胶合板和绝缘板等材料。

隔音垫、隔音地板镶板
均为抗噪地板的底层材料。隔音垫用特殊橡胶制成，厚9×宽606×长1909mm，面密度为10.8kg/m²等。隔音地板镶板是在胶合板上加上树脂隔振垫，厚16×宽606×长1909mm。

隔音木地板
在装饰胶合板背面加上树脂隔振垫的材料。用于公共住宅的地板，隔音、降低冲击音效果显著。有JIS的隔音等级L-40~60的制品。直接铺于混凝土或胶合板上。

其他
地毯和榻榻米都是吸音材料。都可以缓和冲击音。窗帘越厚的面料和褶子吸音性能越好。套上聚氨酯织物的沙发也具有吸音性能。

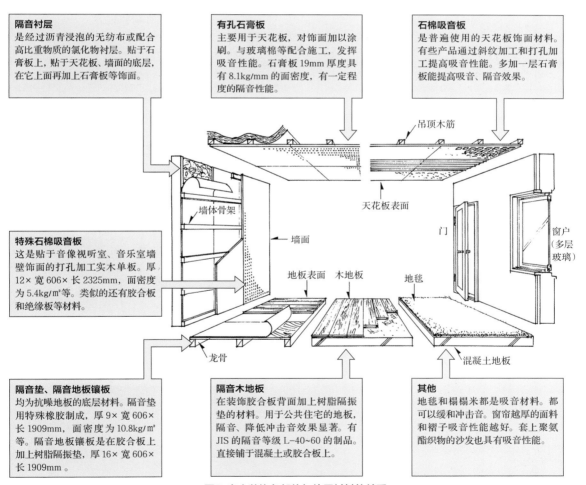

图2 室内装饰各部位与使用材料的关系

功能性材料

■ 隔热材料 ■

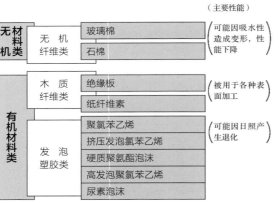

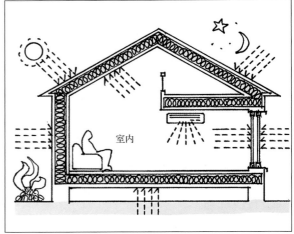

图1 隔热材料分类一览表

图2 住宅的隔热部位

玻璃棉
用压缩空气将融化的玻璃吹射出短纤维制成棉絮状物质,可用作隔热材料。它作为隔热材料,热传导率极佳,一般为 0.034~0.045 kcal/m.h.℃(JIS A 5922)。厚度为 50 和 100mm,也有 20m 一卷的,还有宽 430×长 1370mm 和宽 910×长 1820mm 等板状的制品。

石棉
用高压蒸汽将高温熔化的玄武岩等吹射出纤维制成衬垫状,用作隔热材料。其热传导率较好,一般为 0.035kcal/m.h.℃(JIS A 9521)。厚度为 50 和 100mm,宽 280×长1365mm 和宽 425×长 1360mm 等板状的制品。吸音性能优良,在纤维中加入黏合剂压缩成型的就是吸音板。

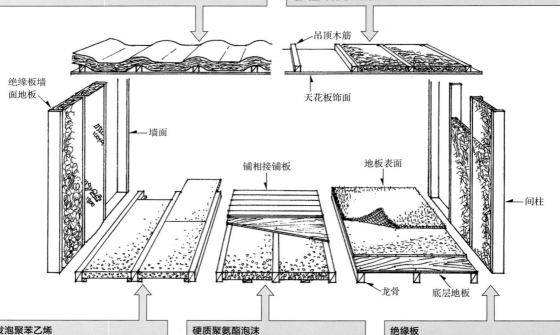

发泡聚苯乙烯
将乙烯树脂发泡后挤压成型的制品。热传导率为 0.0025~0.0034kcal/m.h.℃(JIS A 9511),厚度为 15~100mm。也有专门用于制浇注混凝土使用的材料。

硬质聚氨酯泡沫
通过聚氨酯硬质发泡制成的材料,热传导率为 0.022~0.025kcal/m.h.℃(JIS A 9514)。宽 910×长 1820mm,厚度为 10~100mm。也有用于制作家具、寝具的隔振材料。

绝缘板
以木材纤维为原料制成的软质纤维板。隔热、吸音、耐湿性能优良。用于地板、墙面的底层材料有宽 920×长 1820mm 的,用于天花板饰面的有宽 303×长 606mm 的,厚度为 9mm、12mm。

图3 室内装饰各部位与隔热材料的关系

■ 防火材料 ■

建筑基准法中规定，宾馆、公共住宅、百货商店、住宅等的明火使用房间，根据其地板面积的大小，必须在天花板、墙面采用不可燃材料或准不可燃材料。

防火材料	根据法规上的防火性能（表示方法）进行的分类
	不可燃
	准不可燃
	阻燃
	准阻燃
	同等基材
	墙面装修
	屋等不可燃

根据底层的防火性能认定（所为基材，主要是指底层材料）。

图1 防火材料的分类一览表

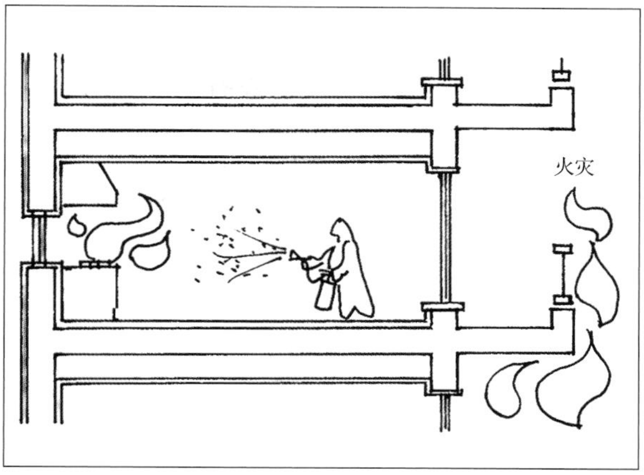

图2 室内装饰与火灾的关系

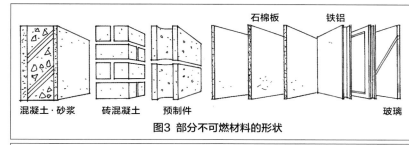

石棉板　铁铝

1. 不可燃材料

材料自身不燃烧，避免防火的有害变形、融化等，并且不产生有害烟雾、气体的物质。

混凝土·砂浆　砖混凝土　预制件　　　　　　玻璃

图3 部分不可燃材料的形状

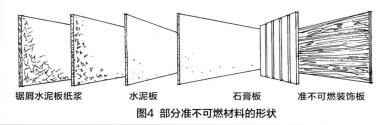

2. 准不可燃材料

锯屑水泥板、石膏板及其他建筑材料，被定义为基本具备不可燃材料性能的物质。

锯屑水泥板纸浆　水泥板　石膏板　准不可燃装饰板

图4 部分准不可燃材料的形状

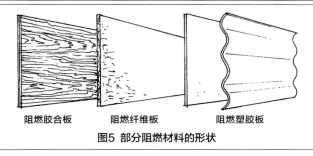

3. 阻燃材料

在易燃的木材和塑胶中加入特殊的药剂，或者覆以金属板等，使之成为不易燃烧的材料。

阻燃胶合板　阻燃纤维板　阻燃塑胶板

图5 部分阻燃材料的形状

其他的耐火材料，包括矿物纤维（无机类）、砂浆、灰泥粉、混凝土等。此外还有作为铁骨架的耐火覆盖层的喷涂石棉、混凝土预制板、ALC板等。

注）ALC：特意混入气泡制成的轻量化气泡混凝土。

3

■ 防水材料 ■

防水性能，很容易因为防水材料的裂缝、切割、结合部的断裂等原因降低功能利用率。所以，必须注意防水部位的底层状态，做出坡度（1/50以上）等。

图1 防水部位示意

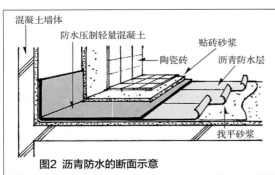

图2 沥青防水的断面示意

1. 沥青防水

沥青防水的施工方法中，有热工法（紧密工法和绝缘工法）和冷工法、喷灯工法等。热工法在有一些凹凸的底层也可施工，可靠性很高。冷工法工期短，施工容易，但价格稍高。喷灯工法适合小规模的施工，工期虽短，同样价格稍高。

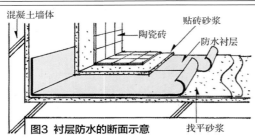

图3 衬层防水的断面示意

2. 衬层防水

可防止底层龟裂、工期较短的工法。富于延展性的合成橡胶和塑胶类的衬层用黏合剂或黏着剂进行粘贴。适用于底层不稳定等状况的防水。

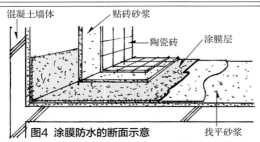

图4 涂膜防水的断面示意

3. 涂膜防水

工艺处理和收尾简单，但对底层精度要求较高。适用于稳定的底层，多用于厕所、洗面台等的室内防水。

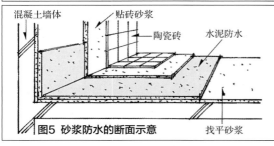

图5 砂浆防水的断面示意

4. 砂浆防水

收尾简单，价格便宜。多用于小规模部分和简易防水。在有一些凹凸的底层或潮湿的底层也可施工。

重点知识填空-7

❶ 木材较轻，强度【1】，切断、切削等加工性能优良，并且容易施工，触感适中，可说是室内装饰中最适合的材料。

1：大

❷ 木材是纤维中含水的材料，由于含水情况，会容易引起上翘、扭曲、弯曲等变形。一般与大气平衡的【2】约为15%，为了减少日后变形，最好让其干燥至此含水率后再行加工。一般将木材放置于空气中，含水率会大体变为15%左右。

2：含水率

❸ 木材因干燥而收缩的话，如果是木纹材料，【3】一侧的收缩较大，【3】会凹下去。对于木材的拉伸强度值，半径方向（年轮）比纤维方向小。

3：木板外表面

❹ 一般木材的【4】点（火灾危险温度）约为260°C，【5】点约为450°C，即使没有火源也会开始燃烧。

4：引火

5：着火

❺ 胶合板一般是【6】的单板按纤维的方向相互重叠贴合在一起而成的材料。单板叠层材料（LVL）通常把单板（厚2~6mm）纤维方向按平行排列层叠制成，相比拼接材料瑕疵被分散，均一性更高。

6：奇数层

❻ 拼接材料是将节疤、腐烂部分去除制成小板或小方块，对齐纤维方向，重叠拼接黏合而成的制品，不易开裂和收缩。在其表面贴上【7】，用于制作柱子和大梁等部分。

7：装饰单板

❼ 红松在【8】中属于稍硬的树种，强度大且有韧性，是适合作为大梁、横梁等的建材。

8：针叶树

❽ 硬质纤维板是将木材分解为细纤维状，对其加热压缩成型的板状制品，使用前必须重新【9】。

9：用水弄湿

❾ 生混凝土是指尚未凝固的混凝土，在工厂生产，在未凝固的状态下运到作业现场的混凝土叫【10】。此外，在工厂生产的轻质气泡隔热混凝土叫ALC混凝土。

10：预拌混凝土

❿ 所谓的混凝土强度，是指【11】强度，混凝土的中性化速度，当覆盖厚度在4cm左右时，大约为100年。

11：压缩

⓫ 御影石是花岗岩的一种，越摩擦越有光泽且【12】性很强。铁平石是安山岩的一种，耐火性强但光泽较差。

12：耐磨

⓬ 木地板自古以来就是地板材料，如今多使用紧密材和胶合板。两种材料都有隔音效果，并能【13】，常作为RC建造的公共住宅等的地板材料。

13：无缝铺设

⓭ 【14】类的地板材料，通常价格便宜，色彩和花纹丰富多样，耐水性也很好。原料有聚氯乙烯类等，形状上分为地砖型和长尺寸大片状两种。

14：塑胶

⓮ 【15】地板材料，是将实木外皮的一部分粉碎成粒状，用聚氨酯或丙烯树脂加以固化的制品，触感较好，材料中有大量微小的气泡，所以吸音、防震性能也不错。

15：软木地砖

⓯ 【16】地毯是将纤维像被子棉絮一样铺开，用特殊的针穿刺使纤维相互缠绕，成为毛毡一般。表面的材质感单调，色彩组合少，但轻便便宜，用途广泛。

16：针刺

⓰ 作为住宅内装修底板的【17】，是准不可燃材料，使用范围最广，此外还有锯屑水泥板、木片水泥板等也与其有同样特性。

17：石膏板

⓱ 【18】玻璃是在几层玻璃之间加入空气层，四周密封，将内部空气保持干燥状态，有很好的隔热性能。

18：多层（或双层）

室内设计与环境工程学

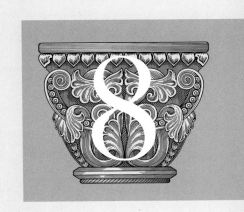

学习重点

在漫长的历史中，人类为了过上舒适的生活，会根据需要切断与
外部环境的联系或者通过对其进行吸收、征服来努力改善自己的
居住环境。为此，人们采用了以下的方法。
①克服残酷的自然条件；②使用各种设备调整温度、湿度以及热
度，并且探讨如何创造出新鲜的空气、明亮的光线以及颜色、声
音等环境条件；③开拓、研究能确保生活舒适性的技术以及学术
领域。
我们称这一门学科为"环境工程学"。
本章的目的在于从生活者的角度学习环境工程学的基础理论以及思
考模式，并且在对室内设计的内容进行整合的基础上探索其内涵。

本章我们将学习以下内容：
一、学习如何创造舒适的居住生活必不可少的室内气候、日照及
日射，换气及通气等相关知识。
二、理解自然光及人工照明方式的种类及其效果。
三、掌握居住生活中声音环境相关的基础知识。

■ 室内气候与舒适程度 ■

人们的生活会受到其所在地区的气候条件的影响。并且，室内的环境条件可以大致分为以下几种。

室内	物理性条件	→	冷、暖，明、暗，热、换气、通风，空气质量等
	心理性条件	→	室内装潢，家具等配件的摆放，色彩及氛围等

本节中我们将学习与室内气候的舒适程度相关的温热要素以及日照日射、热传递、换气通风、采光照明以及声音环境等知识。

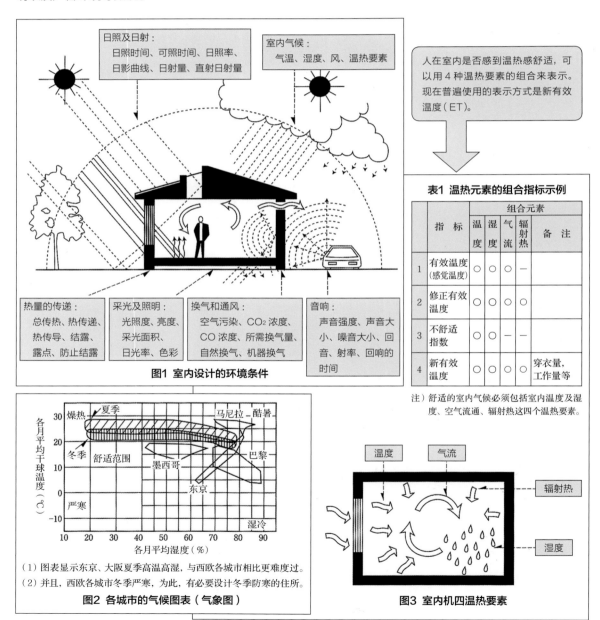

日照及日射：
日照时间、可照时间、日照率、日影曲线、日射量、直射日射量

室内气候：
气温、湿度、风、温热要素

人在室内是否感到温热感舒适，可以用 4 种温热要素的组合来表示。现在普遍使用的表示方式是新有效温度（ET）。

热量的传递：
总传热、热传递、热传导、结露、露点、防止结露

采光及照明：
光照度、亮度、采光面积、日光率、色彩

换气和通风：
空气污染、CO₂ 浓度、CO 浓度、所需换气量、自然换气、机器换气

音响：
声音强度、声音大小、噪音大小、回音、射率、回响的时间

图1 室内设计的环境条件

表1 温热元素的组合指标示例

指标		组合元素				备注
		温度	湿度	气流	辐射热	
1	有效温度（感觉温度）	○	○	○	—	
2	修正有效温度	○	○	○	○	
3	不舒适指数	○	○	—	—	
4	新有效温度	○	○	○	○	穿衣量，工作量等

注）舒适的室内气候必须包括室内温度及湿度、空气流通、辐射热这四个温热要素。

（1）图表显示东京、大阪夏季高温高湿，与西欧各城市相比更难度过。
（2）并且，西欧各城市冬季严寒，为此，有必要设计冬季防寒的住所。

图2 各城市的气候图表（气象图）

图3 室内机四温热要素

■日照与日射■

太阳光是我们生活中不可或缺的要素，是维持生活的能量源泉。在本节中，我们将会充分学习室内的日照及日射相关的基本事项。

可照时间	➡	某地区从日出到日落的时间
日照时间	➡	某地区实际日照的时间
日照率	➡	日照时间 / 可照时间，即日照时间占可照时间的比重

图1 日照相关的基本用语

日影曲线反映了某地区一年间日光照射的状态，显示了建筑物的影子（向北侧延伸）的轨迹。在规划建设受日影限制的建筑物时，必须根据日影曲线图使建筑物的影子长时间内不会伸向隔壁建筑物的北侧。

"日射"表示太阳的辐射热能产生的热作用。接受日射的屋顶、墙壁等吸收太阳的辐射热能，将吸收的热量传入室内使室温升高。

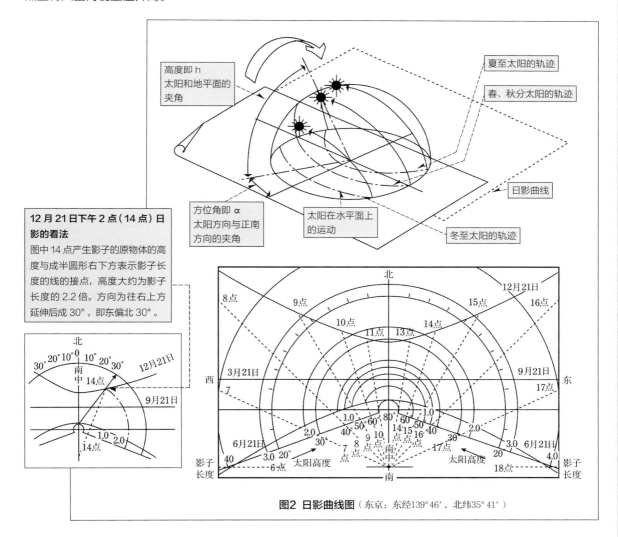

12月21日下午2点（14点）日影的看法
图中14点产生影子的原物体的高度与成半圆形右下方表示影子长度的线的接点，高度大约为影子长度的2.2倍。方向为往右上方延伸后成30°，即东偏北30°。

图2 日影曲线图（东京：东经139°46′，北纬35°41′）

■ 热传导 ■

　　热量是从高温向低温传递的。由此室内的温度会发生变化。在本节中我们将学习建筑物各部分热量的移动，解说舒适的室内环境必须具备哪些条件。

　　一般热量传导到建筑物各部分的过程及顺序为从高温一侧空气的热量通过"热传递"到达材料（墙壁、窗户等）的表面，然后"热传导"到材料内部，再从材料表面向低温一侧的空气进行"热传递"。整个传热的过程称为"总传热"。这样，室内温度会根据传达到建筑物各部分的热量的变化而变化。这些热量称为"总传热量"，用"总传热率"（反映材料的导热性）乘以温度差（高低温之差）来表示。主要的热传导指标如下所示。

① 热传递率	表示材料表面和周围空气间的导热性，单位为 W/(m² · K) 或 kcal/(m² · h · ℃)。
② 热传导率	表示材料内部的导热性，单位为 W/(m · K) 或 kcal/(m · h · ℃)。
③ 总传热率	表示材料本身的导热性，单位为 W/(m² · K) 或 kcal/(m² · h · ℃)。

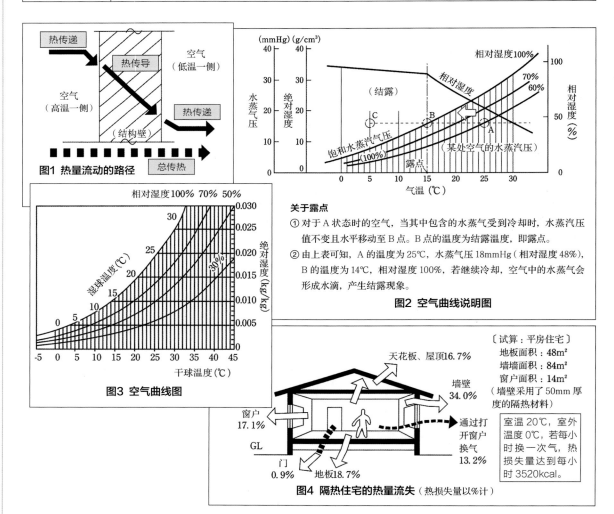

图1 热量流动的路径

关于露点
① 对于 A 状态时的空气，当其中包含的水蒸气受到冷却时，水蒸汽压值不变且水平移动至 B 点。B 点的温度为结露温度，即露点。
② 由上表可知，A 的温度为 25℃，水蒸汽压 18mmHg（相对湿度48%），B 的温度为14℃，相对湿度100%，若继续冷却，空气中的水蒸气会形成水滴，产生结露现象。

图2 空气曲线说明图

图3 空气曲线图

〔试算：平房住宅〕
地板面积：48m²
墙墙面积：84m²
窗户面积：14m²
（墙壁采用了50mm厚度的隔热材料）

室温 20℃，室外温度 0℃，若每小时换一次气，热损失量达到每小时 3520kcal。

图4 隔热住宅的热量流失（热损失量以%计）

■ 换气与通风 ■

洁净的室内空气是创造舒适环境的一个重要因素。在本节中，我们将会学习换气与通气的相关知识。

室内空气受到污染的主要原因如下：
① 生理现象引起：由于室内人员的呼吸以及出汗等向外排放 CO_2、臭气等。
② 燃烧引起：由于各种热源的燃烧引起氧气不足等的不完全燃烧情况。
③ 生活行为引起：各种生活行为引起的尘埃、吸烟引起的臭气等。

表1 二氧化碳（CO_2）的影响

ppm	浓度（%）	浓度变化的影响	
300	0.03(0.04)	标准大气	
400~600	0.04~0.06	市区空气	
700	0.07	多人长时间在室内时的可接受浓度	并不是指CO_2本身的有害限度，而是假设空气的物理、化学性状伴随CO_2的增加而产生变化时，作为污染指标的CO_2可接受浓度。
1000	0.10	一般情况下的可接受浓度 建筑基准法，大厦管理法等的基准	
1500	0.15	换气计算时使用的可接受浓度	
2000~5000	0.2~0.5	可认为空气质量极度不佳	
5000以上	0.5以上		
	0.5	长期安全界限（美国劳动卫生局）ACGIH，劳动者的办事处限制	
	2	呼吸深度，吸气量增加30%	
	3	身体运行劣化，生理机能变化，呼吸次数2倍	
	4~5	刺激呼吸中枢，增加呼吸的深度及次数 呼吸时间越长越危险	
		若在缺氧的环境下必定会发生呼吸功能障碍	
	8	呼吸10分钟，会引发重度的呼吸困难、面朝耳赤及头痛等 缺氧时障碍的表现会更明显	
	18以上	致命性的	

碳酸气体是由于碳的完全燃烧产生的一种无色气体。分子式为 CO_2。比空气重 1.5 倍。大气中的含量为 0.03%。生物的呼吸向体外排放 CO_2，通过同化作用被植物体吸收，转化成各种有机化合物。

表2 可接受的CO浓度与中毒症状

ppm	浓度（%）	可接受浓度以及呼吸时间、症状
100	0.01	长时间呼吸时的可接受浓度
200	0.02	2~3小时后头前部会出现轻微的头痛
400	0.04	1~2小时后头前部疼痛、恶心，2.5~3.5小时后头痛
800	0.08	45分钟后头痛、眩晕、恶心、痉挛，2小时后会出现昏迷
1600	0.16	20分钟后头痛、眩晕、恶心，2小时后致命
3200	0.32	5~10分钟后头痛、眩晕，30分钟致死
6400	0.64	10~15分钟致死

一氧化碳是无色、无味、无臭的剧毒性气体。分子式为 CO。由碳或碳化合物的不完全燃烧等引起，并且会引发中毒现象。点火燃烧会出现蓝色火焰，转化成二氧化碳。当空气中 CO 含量达到 0.05% 以上时会引起急性中毒，头痛、眩晕、恶心作呕等症状。

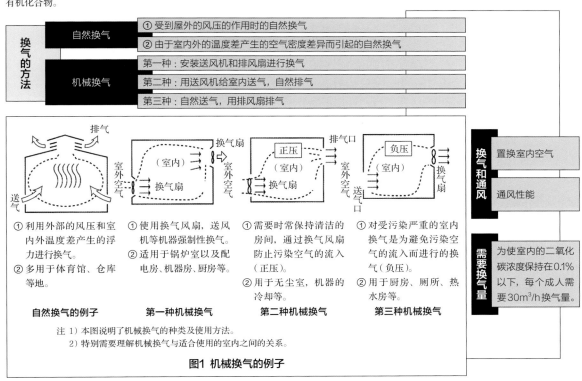

换气的方法	自然换气	① 受到屋外的风压的作用时的自然换气
		② 由于室内外的温度差产生的空气密度差异而引起的自然换气
	机械换气	第一种：安装送风机和排风扇进行换气
		第二种：用送风机给室内送气，自然排气
		第三种：自然送气，用排风扇排气

自然换气的例子
① 利用外部的风压和室内外温度差产生的浮力进行换气。
② 多用于体育馆、仓库等地。

第一种机械换气
① 使用换气风扇，送风机等机器强制性换气。
② 适用于锅炉室以及配电房、机器房、厨房等。

第二种机械换气
① 需要时常保持清洁的房间，通过换气风扇防止污染空气的流入（正压）。
② 用于无尘室，机器的冷却等。

第三种机械换气
① 对受污染严重的室内换气是为避免污染空气的流入而进行的换气（负压）。
② 用于厨房、厕所、热水房等。

换气和通风
置换室内空气
通风性能

需要换气量
为使室内的二氧化碳浓度保持在0.1%以下，每个成人需要30m³/h换气量。

注 1）本图说明了机械换气的种类及使用方法。
　　2）特别需要理解机械换气与适合使用的室内之间的关系。

图1 机械换气的例子

2

采光与照明

■ 采光 ■

人们在致力于创造舒适健康的生活时，需要适度的自然光或人工光源带来的光。人类肉眼能感受到的光线（可视光线）为波长380~480nm（毫微：10~9m）的电磁波，其中波长比可视光线长的部分称为红外线，波长比可视光线短的为紫外线。在本节中，我们将会学习太阳采光及人工光源的照明等相关的基本知识。采光指从日光中获得适宜的光线，具体如下所示。

日光（太阳光）	直射光：接受阳光直射
	天空光：太阳光在空中扩散，天空的明亮度

昼光率 ＝ 室内某水平面的照度（E）／ 当时全天空照度（Es）×100%

由于自然采光会因白日阳光的变动而发生变化，因此衡量室内采光的好坏的标准称为昼光率。并且，法律规定在住宅中对卧室采光有效的开口部的面积为地板面积的1/7以上。

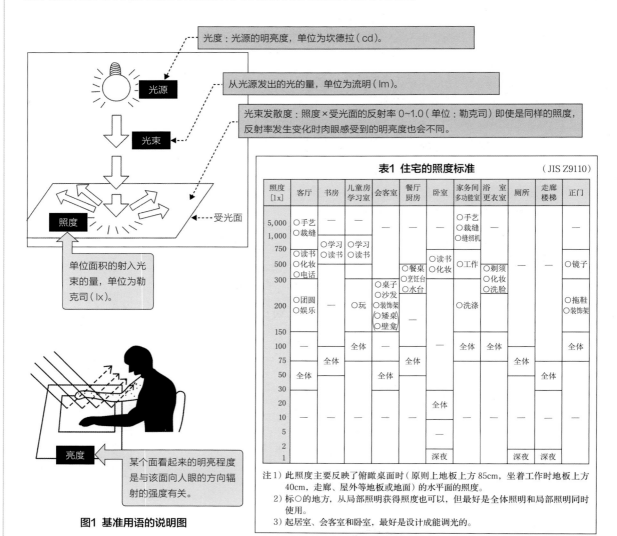

光度：光源的明亮度，单位为坎德拉（cd）。

从光源发出的光的量，单位为流明（lm）。

光束发散度：照度×受光面的反射率0~1.0（单位：勒克司）即使是同样的照度，反射率发生变化时肉眼感受到的明亮度也会不同。

单位面积的射入光束的量，单位为勒克司（lx）。

某个面看起来的明亮程度是与该面向人眼的方向辐射的强度有关。

图1 基准用语的说明图

表1 住宅的照度标准 （JIS Z9110）

照度[lx]	客厅	书房	儿童房学习室	会客室	餐厅厨房	卧室	家务间多功能室	浴室更衣室	厕所	走廊楼梯	正门
5,000 / 1,000	○手艺 ○裁缝	—	—				○手艺 ○裁缝 ○缝纫机	—			—
750		○学习 ○读书	○学习 ○读书								
500	○读书 ○化妆 ○电话				○餐桌 烹饪台 水台	○读书 ○化妆	○工作	○剃须 ○化妆 ○洗脸	—		○镜子
300				○桌子 沙发 ○装饰架 ○矮桌 ○壁龛							
200	○团圆 ○娱乐			○玩			○洗涤				○拖鞋 ○装饰架
150											
100	—			全体	全体		全体	全体			全体
75		全体				全体			全体		
50	全体			全体						全体	
30											
20						全体					
10	—										
5											
2						—					
1						深夜			深夜	深夜	

注1）此照度主要反映了俯瞰桌面时（原则上地板上方85cm，坐着工作时地板上方40cm，走廊、屋外等地板或地面）的水平面的照度。
　　2）标○的地方，从局部照明获得照度也可以，但最好是全体照明和局部照明同时使用。
　　3）起居室、会客室和卧室，最好是设计成能调光的。

■ 照明 ■

在本节中会列举室内照明设计中的基本设计思路，分析人工照明的目的、方式以及光源特征。

图1 人工照明

白炽灯	荧光灯	水银灯	卤化金属灯	高压钠灯
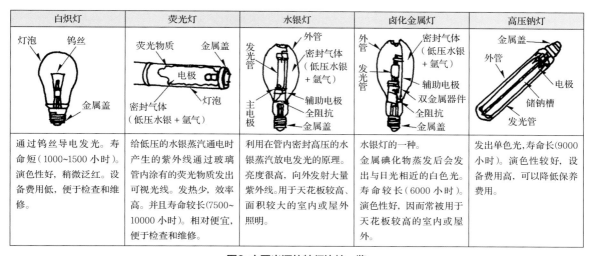				
通过钨丝导电发光。寿命短（1000~1500小时）。演色性好，稍微泛红。设备费用低，便于检查和维修。	给低压的水银蒸汽通电时产生的紫外线通过玻璃管内涂有的荧光物质发出可视光线。发热少，效率高。并且寿命较长(7500~10000小时)。相对便宜，便于检查和维修。	利用在管内密封高压的水银蒸汽放电发光的原理。亮度很高，向外发射大量紫外线。用于天花板较高、面积较大的室内或屋外照明。	水银灯的一种。金属碘化物蒸发后会发出与日光相近的白色光。寿命较长（6000小时）。演色性好，因而常被用于天花板较高的室内或屋外。	发出单色光,寿命长(9000小时)。演色性较好，设备费用高，可以降低保养费用。

图2 主要光源的特征比较一览

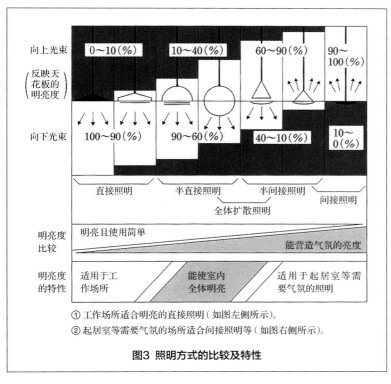

① 工作场所适合明亮的直接照明（如图左侧所示）。
② 起居室等需要气氛的场所适合间接照明等（如图右侧所示）。

图3 照明方式的比较及特性

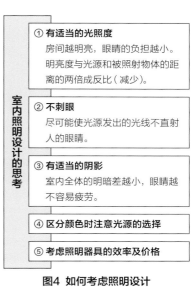

图4 如何考虑照明设计

■ 照明方式 ■

本节中我们将会一起来比较不同照明方式的特性。

直接照明	半直接照明	漫反射	半间接照明	间接照明	建筑化照明
光源发出的光为直接光，经反射板反射的光为反射光。效率虽高，但会留下很强的阴影。	利用光源发出的直接光和光源背部的不规则反射光实现照明。效率较好，阴影稍轻。	用乳白色玻璃球（包住灯泡）包住。不刺眼也不会产生很强的阴影，是一种光照度的较为均一的方式。	一部分光线直接投射，大部分光线投射到天花板或墙壁上，利用反射回来的光线实现照明的方式。	光线的大部分或全部射到天花板或墙壁上，仅利用其反射光实现照明的方式。光线扩散不会形成阴影，营造出一种柔和的气氛。	为提高室内的光照度，在天花板或墙壁上安装照明器具，创造广阔的光照面的一种方式。

图1 各种照明方式的特性一览

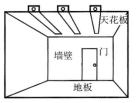

将罩有乳白色外罩的照明器具直线型排练的方式，也叫"光束照明"。

①光量照明（半嵌入式轮廓照明）

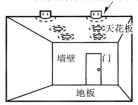

将多个间接照明器设计成圆顶状具安装在天花板上，营造出一种豪华的视觉效果。

②凹圆槽照明（天花板嵌入式）

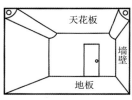

在天花板的四周槽线部分安装间接照明器具来营造室内气氛的方式。

③角落照明（角落灯）

在天花板的四周槽线部分将光源设计成幕状，使墙面及窗帘等更为明亮。

④镶板照明（墙面照明）

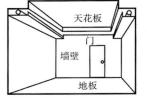

在向上弯曲的天花板等角落处隐藏光源实现间接照明的方式。

⑤檐口照明（间接照明）

在窗户的上楣框部分安装百叶，照射天花板及窗帘等，创造重点照明的效果。

⑥平衡照明（墙面照明）

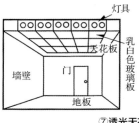

用乳白色玻璃板（扩散透射性好的材料）等将天花板大面积遮盖住，实现室内的全体照明，创造出一种开放的照明效果。

⑦透光天花板照明

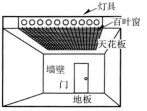

将格子状的百叶窗（将羽翼状的薄板水平或按格子形布置）布满整个天花板，从上方实现照明的方式。营造出一种令人安心的气氛。

⑧百叶窗天花板照明

图2 室内设计照明方式的分类一览表

■音响■

为了使室内环境舒适，有效地减少室外噪音和尽量听到有用的声音很重要。我们在这里说明一下关于声音的基本事项。

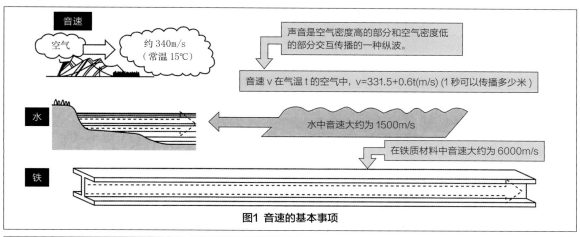

图1 音速的基本事项

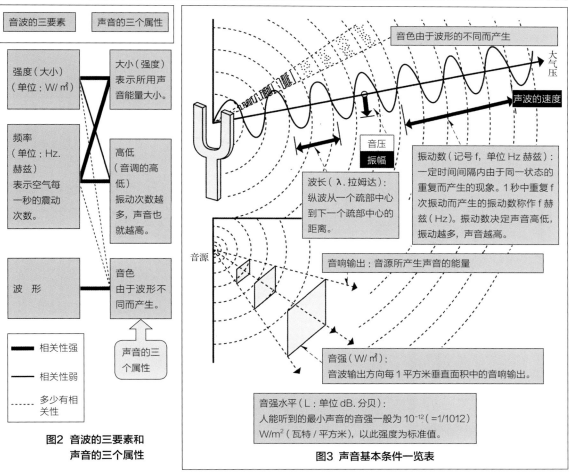

图2 音波的三要素和声音的三个属性

图3 声音基本条件一览表

■ 噪音、回声 ■

噪音的容许值很难界定，但是可以尝试使用下面的办法。并且也举出了如下防止噪音的主要方法。

噪音容许值	噪音水平的容许值	根据日本工业规格（JIS）所规定的普通噪音 A 特性所测定的值。测定简单，精度被广泛使用。
	NC 值的容许值	根据噪音中杂乱繁多的周波数制作 NC 曲线来测定容许值。例如飞机和自行车的所测噪音值相同的情况下，测定飞机所发出的金属音（高音）会令人感到不舒服。
噪音防止方法	距离防噪音法	音强和距音源距离的平方成反比递减。例如与距音源 Am 的音强相比，距音源 2 倍距离的音强大约低 6dB（分贝）。
	遮音防噪音法	音波碰到墙壁屋顶等物体，一部分音波被弹回，一部分被吸收，穿过，再传到相反方向去。因此，入射音被墙壁或窗户所遮挡的量被称作"透过损失（单位：dB）"。
	吸音防噪音法	利用加工好的材料增加吸收音从而减弱音强。

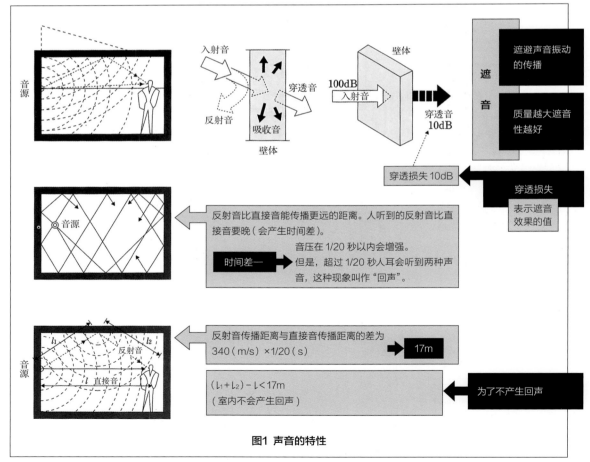

图1 声音的特性

■余音时间■

室内产生的声音，一部分被周围的墙壁、房顶吸收，一部分被反射回来，这种现象叫作回声。我们在这里说明一下回声的基本事项。

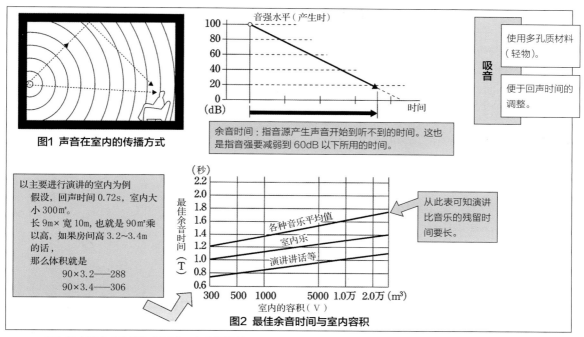

图1 声音在室内的传播方式

余音时间：指音源产生声音开始到听不到的时间。这也是指音强要减弱到60dB以下所用的时间。

吸音

使用多孔质材料（轻物）。

便于回声时间的调整。

以主要进行演讲的室内为例
假设，回声时间0.72s，室内大小300m²。
长9m×宽10m，也就是90m²乘以高，如果房间高3.2~3.4m的话，
那么体积就是
90×3.2——288
90×3.4——306

从此表可知演讲比音乐的残留时间要长。

图2 最佳余音时间与室内容积

表1 室内噪音容许值和各要素、各房间的关系

说话电话的余音	吵闹	dB(A)	NC~NR	住宅、宾馆普通事务	其 他
大声会话(3m)；接打电话稍微困难	不可忽视的噪音	60	55~50	打字室、计算机室	
		55	50~45	普通办公室	走廊、食堂（一般商店）
普通会话(3m以内)可接打电话	噪音感到有	50	45~40	大厅	宾馆大厅、银行、餐厅
		45	40~35	小会议室、宴会场	图书阅览室、研究室、普通教室
离开10m可进行会话接打电话无障碍	无噪音感	40	35~30	休息室、接待室、客厅	诊察室、美术馆、讲堂、礼堂
		35	30~25	书斋、大会议室、经理室	手术室、病房、音乐教室
	非常安静	30	25~20		
离开5m可稍微听到声音		25	20~15		
	无音感	20	15~10		

表2 各种墙壁、窗户等的透过损失　　(dB)

名称（）内是材料的厚度	周波数		
	250	500	2,000
普通铝窗（双槽推拉门）玻璃	17	18	18
普通铝窗（双层）玻璃(5-5)中空200	28	33	24
混凝土建筑(100)双面石灰涂层	37	42	57
各种材料的吸音率			
混凝土（粗面）	0.01	0.02	0.02
石灰墙壁	0.02	0.03	0.03
松木厚板（19，原木未加工）	0.11	0.10	0.08
榻榻米	0.41	0.58	0.43
棉布窗帘	0.23	0.40	0.53
剧场椅子（短绒）(m²/个)	0.23	0.30	0.35
成年人（同上坐在椅子上）(m²/人)	0.32	0.40	0.43

注）吸音率→表示吸收声音的程度（无单位）

$$吸音率 = \frac{（入射音量）-（反射音量）}{入射音量}$$

吸音力→物体各部分表面积乘以各部分吸音率所得出的值。
以上的单位用m²来表示，叫作平方米。

❶ 一般的煤气中毒指的是【1】导致的中毒，当空气中浓度达到0.16%时，两小时可致死。

1：一氧化碳

❷ 室内空气污染状态的标准通常用【2】的浓度来表示。作为污染指标，最大容许浓度为0.10%，超过0.5%是最差。

2：二氧化碳

❸ 换气有自然换气和机械换气两种。自然换气有①利用气压差的方法（换气量大致是和室内开口的开放面积和室外风速成【3】的）；②利用温度差（例如，当室内开口面积相同的情况下，无风时由于室内外温度差所导致的自然换气量，和开口部分的距离的【4】成正比。）

3：比例

4：平方根

❹ 通常室内平均每人的必要换气量（为保持室内空气清洁而必需的换气量）是每小时【5】m^3。

5：30

6：气流速度

❺ 和有效温度（ET）相关的温度感觉，是指空气温度、相对湿度、【6】，与湿度100%同等感觉的、无风时的温度。

7：相对湿度

❻ 现在的水蒸气压和一定气温下的空气饱和水蒸气压的比叫作【7】。隔热材料表面的铝箔是为了隔断【8】的热移动。

8：辐射

❼ 可视光线是指波长在380~780nm（纳米）范围内的电磁波，其中超过780nm的叫作【9】。

9：红外线

❽ 【10】是表示电灯等光的颜色的指标，数值越低，光给人的感觉就会越温暖。单位用开（K）表示。

10：色温度

❾ 关于颜色的可见方式，当色温度（光色）为3000K（开），平均演色评价数Ra100的人工光源和【11】是不同的。

11：自然白昼光

12：演色性

❿ 颜色的可见方式根据光源不同而不同，这种光源的性质叫作【12】。一般如果使用【12】高的光源的话，那么自然色的再现性会很强。

⓫ 任务环境照明在美国作为一种【13】的照明方式，在办公室图书馆被广为使用。这是因为任务照明（桌子柜子等所安装的照明）如果足够明亮，为了减轻对比，可以把环境照明（氛围照明）调【14】。

13：节能

14：暗

⓬ 声音的三属性：①强度（刚刚能听到的最小声音是0分贝，0分贝的十倍就是10分贝，100倍就是20分贝。）②高低（声音每秒振动的次数叫作【15】单位：Hz。）③音色（一般3500~4000Hz左右的声音感觉最好）。

15：周波数

⓭ 声音的高低是以周波数为指标的，周波数越大，人听到的声音就越【16】。另外，人的听觉还会因为周波数不同，同样大小的声音听起来强弱不同，低周波的声音会听起来【17】。

16：高

17：钝

⓮ 某墙面的入射音是100分贝，透过音10分贝，【18】（墙壁两侧声音水平差）为10分贝。墙壁单位面积的质量越大【18】越大，声音越高周波数越大。

18：透过损失

⓯ 回声时间是表示室内回声时间的长度的量，也就是某声音停止后，室内声音的平均能量密度达到$1/10^6$（-60分贝）的秒数。【19】和室内容积成正比，音乐厅（约1~2秒）比演讲会场更长。

19：余音时间的长短

室内设计相关设备使用方法

学习重点

我们为了让生活过得舒适，经常会根据需要而遮挡外部环境，以及通过各种相关的机器设备来对室内环境进行人工改造。本章中我们将要学习这些相关设备的基本性能和结构。

本章我们将学习以下内容：
一、"水"是生活中万万不可或缺的，我们首先学习供排水设备，以及关于如厕、入浴的卫生设备等。
二、学习包括冷暖气在内的空气调节、换气设备等的基础事项。
三、学习宜居的室内亮度相关知识，其中包括照明灯具、电气设备及其他相关基本事项。

在进行室内设计时采用相关设备的目的在于，创造出舒适的室内环境，以及规划其中所必需的设备。首先，舒适的室内环境所要具备的基本条件是：干净的空气、适宜的温度和湿度、恰到好处的照明以及无噪音。其次，在规划与这些条件相关的设备时，需要注意以下几点基本事项。

①安全　　　　　　　　④便于管理　　　　　　　⑦环保
②提高生活舒适度　　　⑤经济实惠　　　　　　　⑧具有前瞻性
③方便　　　　　　　　⑥节省空间

在今后的相关设备中，保护环境、充分考虑对环境的影响是个重要课题。

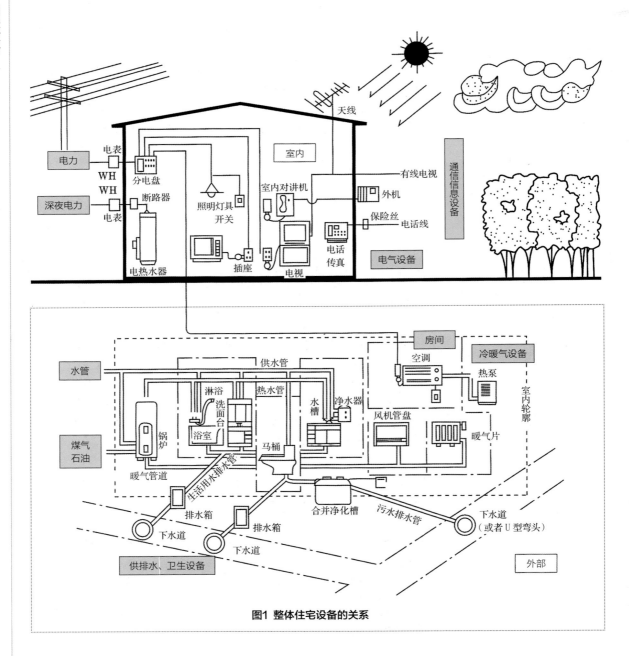

图1 整体住宅设备的关系

供排水、卫生设备是保证水的供给和排放是卫生的设备，除了用于供生活用水、热水、排水以外，还包括了排泄物净化槽等一系列的设备。这一节，我们就来学习一下相关设备的基本知识。

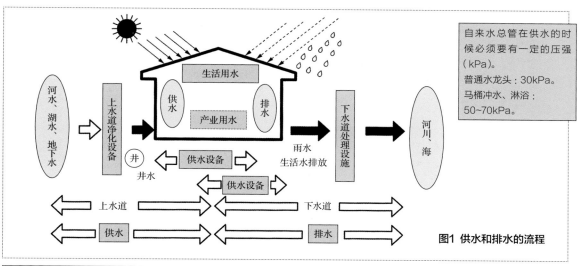

自来水总管在供水的时候必须要有一定的压强（kPa）。
普通水龙头：30kPa。
马桶冲水、淋浴：50~70kPa。

图1 供水和排水的流程

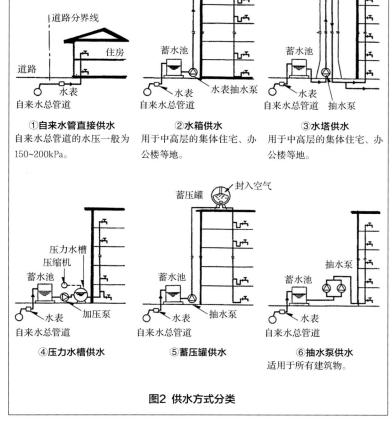

①自来水管直接供水
自来水总管道的水压一般为150~200kPa。

②水箱供水
用于中高层的集体住宅、办公楼等地。

③水塔供水
用于中高层的集体住宅、办公楼等地。

④压力水槽供水

⑤蓄压罐供水

⑥抽水泵供水
适用于所有建筑物。

图2 供水方式分类

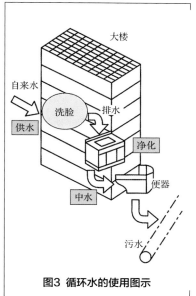

图3 循环水的使用图示

供水量
取决于建筑物的用途以及季节。
住宅：200~400L／人
办公楼：60~100L／人
酒店客房部：350~450L／床位
注）中水是指将排水的再生水或者工业用水用作不直接接触人体的生活用水。

■ 热水供应设备 ■

各个建筑的热水供应方式大致区别如下。

局部热水供应	瞬间式	通过小型的加热器进行小范围的热水供应
	蓄存式	可以供应大量热水，需要一定的安装空间
中央热水供应		用于酒店等地的大规模设备

瞬间式锅炉的热水供应能力用号数表示。 1号锅炉能在1分钟之内，将1L水的温度提高25℃放出热水。相当于25kcal/分或1500kcal/时（6,279KJ/h）。

表1 住宅的热水供应方式分类

热水供应方式	系统分类	形　状	特　性
局部供应	单点出水即热式		一般用煤气
住户内中央供应	附带热水供应（屋外）洗澡水加热锅炉		使用最为普遍
	电热水器式		用于深夜用电
楼栋地区中央供应	热交换器		在各住户的管道竖井里安装热交换器

表2 各器具所需的最低水压

器　具	所需水压[kgf/cm²]
大便器小便器淋浴	0.7
一般水龙头小便器水龙头	0.3
煤气单点式即热热水器4~5号7~16号22~30号	0.40.50.8

表4 各种用途下的热水供应温度

用　途	使用温度（℃）
饮用	90~95
剃须	46~52
暖气	45
洗浴	成人：42~45儿童：40~42
淋浴	43
洗衣	33~37

表3 供水管道管径

卫生设备名称	管径（mm）
大便器阀门污物处理水槽阀	25
小便器阀门浴缸洗涤水槽（大）扫除水槽	20
淋浴厨房水槽	15~20
大便器水箱小便器水箱面盆洗涤水槽（小）实验用水槽	15

热水供应热负荷：
一般当冬天的水温在5℃（283.15k）时，要给浴缸（350L~400L）注入热水约30分钟，则需要23000~26000kcal/h（96278KJ/h~108836KJ/h）的热水供应热负荷。

中央热水供应设备主要用于大规模酒店等地，需要安装加热装置、蓄水箱、水泵等。

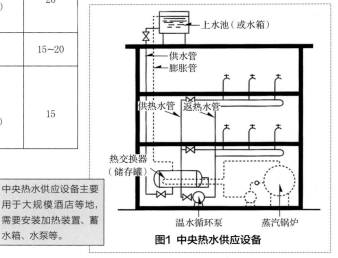

图1 中央热水供应设备

■排水设备■

本节讲解建筑物的排水，以及主要的排水防水等基本事项。

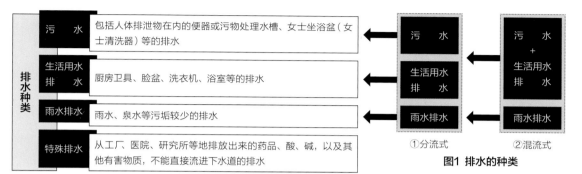

排水种类		
污水	包括人体排泄物在内的便器或污物处理水槽、女士坐浴盆（女士清洗器）等的排水	
生活用水排水	厨房卫具、脸盆、洗衣机、浴室等的排水	
雨水排水	雨水、泉水等污垢较少的排水	
特殊排水	从工厂、医院、研究所等地排放出来的药品、酸、碱，以及其他有害物质，不能直接流进下水道的排水	

①分流式　②混流式

图1　排水的种类

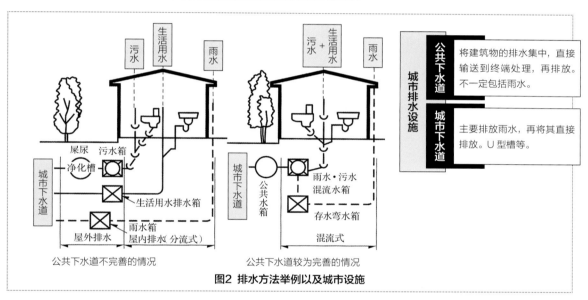

城市排水设施	
公共下水道	将建筑物的排水集中，直接输送到终端处理，再排放。不一定包括雨水。
城市下水道	主要排放雨水，再将其直接排放。U 型槽等。

公共下水道不完善的情况　　公共下水道较为完善的情况

图2　排水方法举例以及城市设施

表1　卫浴器具阀门的口径

卫浴器具	阀门的最小口径（mm）
大便器	75
扫除水槽	65
小便器（大型）	50
小便器（小型） 浴缸（西式） 厨房水槽	40
洗面盆（小、中、大型） 饮水水龙头 浴缸（日式）	30
洗手水龙头	25

（数据来自 日本空气调节、卫生工学会规格 HASS 206）
注）排水管的最小管径为30mm，若埋在地下则为50mm以上。

表2　阀门种类

S 型存水弯	P 型存水弯	U 型存水弯	鼓型存水弯	碗型存水弯
水封深度	水封			水封
一般常用。运用虹吸管原理，水封易断裂。常用于大便器、小便器、洗面盆等。	最为常用，水封不易损坏，用于排放一般的排水。	用于室内排水管的末端或者横排管的中端。水封的稳定性没有S 型和 P 型的好。	水封的稳定性很好。可以同时排放污水和杂物。一般用于排水口安装在地上的马桶、实验水槽、厨房水槽等。	用于水口安装在地上的马桶。

（1）存水弯不仅用于住宅中，还用于各种建筑物里。
（2）排放水分类（如：水、油等）不同，对应的排水工具也不同。
（3）水封（防止管道中空气的流通）的深度在 50～100mm 最为合适。

通气管是存水弯内防止水封破坏而设置的管道。

通过延长排水立管的顶端来通气。主要用于集中住宅、酒店。同时又被称为"一管通气"。	**伸顶通气管**
在排水横管上接上一根环形通气管，经济实惠。	**环形通气管**

另外还有其他特殊通气管连接方式。

接到排水终端，保证每个部分都能经常通气。安装费较为高昂，但安全性能极佳。	**独立通气管**

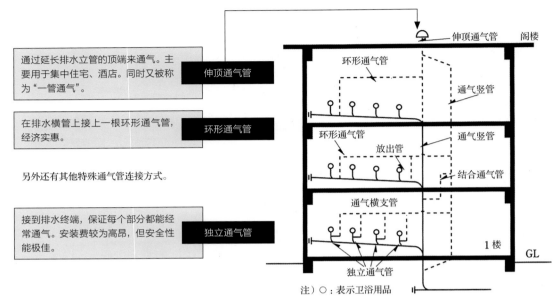

注）○：表示卫浴用品

图3 各种通气管和使用方式示例

卫浴用品一般由陶器、搪瓷铁器、不锈钢或塑料等材质制成。

特别是大便器的冲洗需要高水压，用来连接供水管的管径是25mm，连接冲水水箱的供水管管径为15mm，常用于住宅设施。

表3 便器的清洗方式分类及其特性

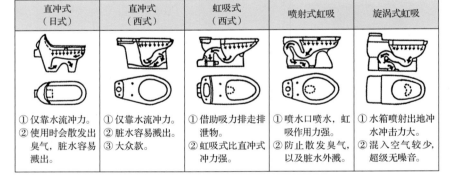

直冲式（日式）	直冲式（西式）	虹吸式（西式）	喷射式虹吸	旋涡式虹吸
①仅靠水流冲力。②使用时会散发出臭气，脏水容易溅出。	①仅靠水流冲力。②脏水容易溅出。③大众款。	①借助吸力排走排泄物。②虹吸式比直冲式冲力强。	①喷水口喷水，虹吸作用力强。②防止散发臭气，以及脏水外溅。	①水箱喷射地冲水冲击力大。②混入空气较少，超级无噪音。

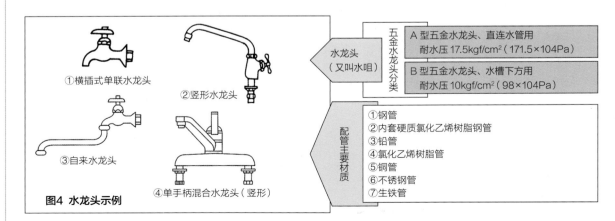

①横插式单联水龙头

②竖形水龙头

③自来水龙头

④单手柄混合水龙头（竖形）

水龙头（又叫水咀）

五金水龙头分类

A 型五金水龙头、直连水管用
耐水压 17.5kgf/cm² (171.5×104Pa)

B 型五金水龙头、水槽下方用
耐水压 10kgf/cm² (98×104Pa)

配管主要材质
①钢管
②内套硬质氯化乙烯树脂钢管
③铅管
④氯化乙烯树脂管
⑤铜管
⑥不锈钢管
⑦生铁管

图4 水龙头示例

3

　　空气调节设备是为了创造健康舒适的室内环境而设计的。空气调节（Air Conditioning）的目的是，根据使用目的对室内设计或是特定场所的空气状况进行净化，以及调节空气温度、湿度、气流等。

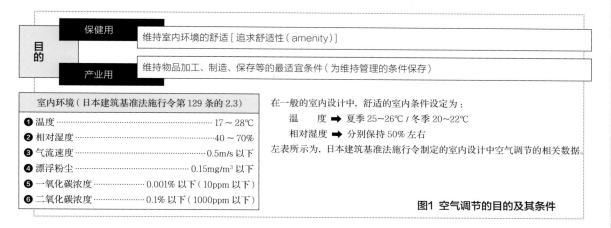

目的	保健用	维持室内环境的舒适［追求舒适性（amenity）］
	产业用	维持物品加工、制造、保存等的最适宜条件（为维持管理的条件保存）

室内环境（日本建筑基准法施行令第129条的2.3）

❶ 温度 ·················· 17～28℃
❷ 相对湿度 ·················· 40～70%
❸ 气流速度 ·················· 0.5m/s 以下
❹ 漂浮粉尘 ·················· 0.15mg/m³ 以下
❺ 一氧化碳浓度 ·············· 0.001%以下（10ppm以下）
❻ 二氧化碳浓度 ·············· 0.1%以下（1000ppm以下）

在一般的室内设计中，舒适的室内条件设定为：

温　度 ➡ 夏季25~26℃／冬季20~22℃

相对湿度 ➡ 分别保持50%左右

左表所示为，日本建筑基准法施行令制定的室内设计中空气调节的相关数据。

图1 空气调节的目的及其条件

	方式分类			内容、特性	构　图
根据输送热气的方式分类	**中央式** 空调位于中央，可对多个房间进行调节。	**空气式** 单靠空气来输送热气（冷热）。	**单管式** 低速	体积较大，需要安装空间。适用于中小规模的建筑物（最为常用）。	配管（冷热水、蒸汽）／送气管／送风口／冷风热风／室内／热源机／回气管／空气调节器／（送风式）
			高速	所需安装空间小，但安装费和搬运费较贵。	
			双管式	可以分别给各个房间设定冷、暖气，安装费贵。	
		空气以及水汽式 并用空气和水进行送热（冷热）。	**每层安装组机式**	在每楼层分别安装空调，使用方便，安装费比单管式要贵，但所需空间小。	冷热水配管／室内／室内组机／热源机／（水汽式）
			诱导机组式	在各个房间的地板或天花板里埋导管线，用来通热水或冷水。同时，可根据空调调节各房间温度。	
			放射的冷暖气式	各房间的地面或天花板内侧埋设通风盘管，内侧通冷水或热水的方式。同时，使用空调控制各房间内的温度。	
			通风盘管式	在各个房间安装通风盘管式空调（内含送风机、线圈以及空气过滤器），可以让室内空气穿过回流。在每个房间都可以调节组机。多用于酒店、公寓。	（制冷剂式）／室内／空气调节器／热源机
	独立式 在各个房间安置空调，可对多个房间进行调节。	**水汽式** 靠水汽送热。	**通风盘式**	分别安装在各房间里，夏季和冬季分别用冷水、温水来运行空调。	
		制冷式 靠制冷剂送热。	**通风盘式** **整套式**	用制冷剂取代冷水。组机内有冷冻机，可以循环冷却室内空气。	

（1）选择空调要参考建筑物的大小以及使用目的。
（2）要看空调是要服务整座大楼还是部分单位，目的不同选择不同。

图2 空调分类

4

冷暖气设备是用来调节室内冷热的。换气设备是用来排出室内污浊空气，注入新鲜空气的。

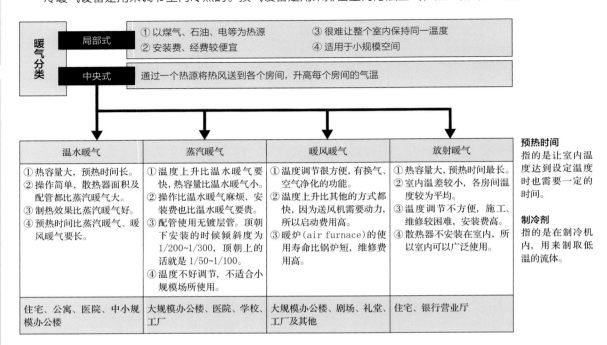

暖气分类	局部式	① 以煤气、石油、电等为热源 ② 安装费、经费较便宜	③ 很难让整个室内保持同一温度 ④ 适用于小规模空间
	中央式	通过一个热源将热风送到各个房间，升高每个房间的气温	

温水暖气	蒸汽暖气	暖风暖气	放射暖气
① 热容量大，预热时间长。 ② 操作简单，散热器面积及配管都比蒸汽暖气大。 ③ 制热效果比蒸汽暖气好。 ④ 预热时间比蒸汽暖气、暖风暖气要长。	① 温度上升比温水暖气要快，热容量比温水暖气小。 ② 操作比温水暖气麻烦，安装费也比温水暖气要贵。 ③ 配管使用无镀层管。顶朝下安装的时候倾斜度为1/200~1/300，顶朝上的话就是1/50~1/100。 ④ 温度不好调节，不适合小规模场所使用。	① 温度调节很方便，有换气、空气净化的功能。 ② 温度上升比其他的方式都快，因为送风机需要动力，所以启动费用高。 ③ 暖炉(air furnace)的使用寿命比锅炉短，维修费用高。	① 热容量大，预热时间最长。 ② 室内温差较小，各房间温度较为平均。 ③ 温度调节不方便，施工、维修较困难，安装费高。 ④ 散热器不安装在室内，所以室内可以广泛使用。
住宅、公寓、医院、中小规模办公楼	大规模办公楼、医院、学校、工厂	大规模办公楼、剧场、礼堂、工厂及其他	住宅、银行营业厅

预热时间
指的是让室内温度达到设定温度时也需要一定的时间。

制冷剂
指的是在制冷机内，用来制取低温的流体。

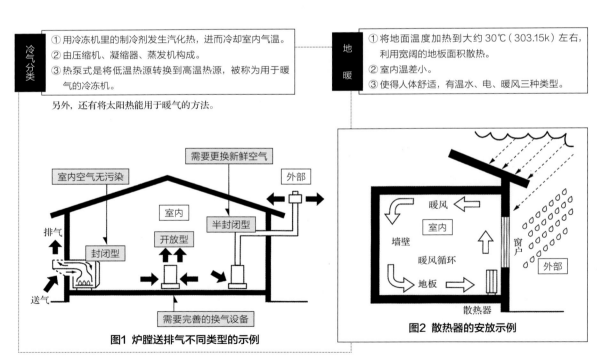

冷气分类	① 用冷冻机里的制冷剂发生汽化热，进而冷却室内气温。 ② 由压缩机、凝缩器、蒸发机构成。 ③ 热泵式是将低温热源转换到高温热源，被称为用于暖气的冷冻机。

另外，还有将太阳热能用于暖气的方法。

地暖	① 将地面温度加热到大约30℃（303.15k）左右，利用宽阔的地板面积散热。 ② 室内温差小。 ③ 使得人体舒适，有温水、电、暖风三种类型。

图1 炉膛送排气不同类型的示例

图2 散热器的安放示例

电气设备是指，适合建筑物用途、规模和设备内容等的电力供应方式和配线方式。这里主要以住宅为重点举例。

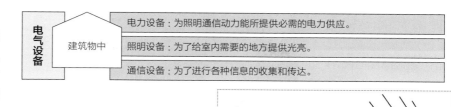

电气设备 建筑物中	电力设备：为照明通信动力能所提供必需的电力供应。
	照明设备：为了给室内需要的地方提供光亮。
	通信设备：为了进行各种信息的收集和传达。

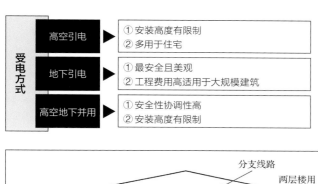

受电方式

高空引电 ▶	① 安装高度有限制 ② 多用于住宅
地下引电 ▶	① 最安全且美观 ② 工程费用高适用于大规模建筑
高空地下并用 ▶	① 安全性协调性高 ② 安装高度有限制

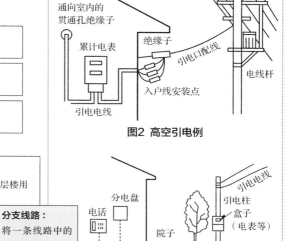

图2 高空引电例

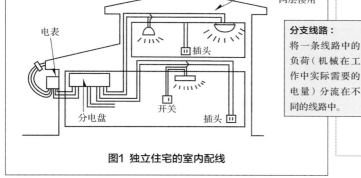

图1 独立住宅的室内配线

分支线路：
将一条线路中的负荷（机械在工作中实际需要的电量）分流在不同的线路中。

图3 架空地下并用

干线：
从受电设备发电机等的配电盘到分电盘动力控制盘之间的配置。

分支线路中有线路最大的电流是 20A（安），此外还有 30A、50A 的线路。

20A 的线路主要用于住宅等。

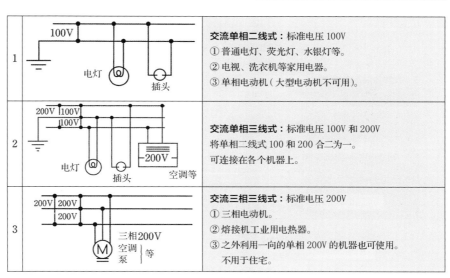

1	100V	**交流单相二线式：**标准电压 100V ① 普通电灯、荧光灯、水银灯等。 ② 电视、洗衣机等家用电器。 ③ 单相电动机（大型电动机不可用）。
2	200V 100V / 100V	**交流单相三线式：**标准电压 100V 和 200V 将单相二线式 100 和 200 合二为一。 可连接在各个机器上。
3	200V 200V / 200V	**交流三相三线式：**标准电压 200V ① 三相电动机。 ② 熔接机工业用电热器。 ③ 之外利用一向的单相 200V 的机器也可使用。 　　不用于住宅。

图4 电气供给方式

■ 照明设备、供气设备、通信设备 ■

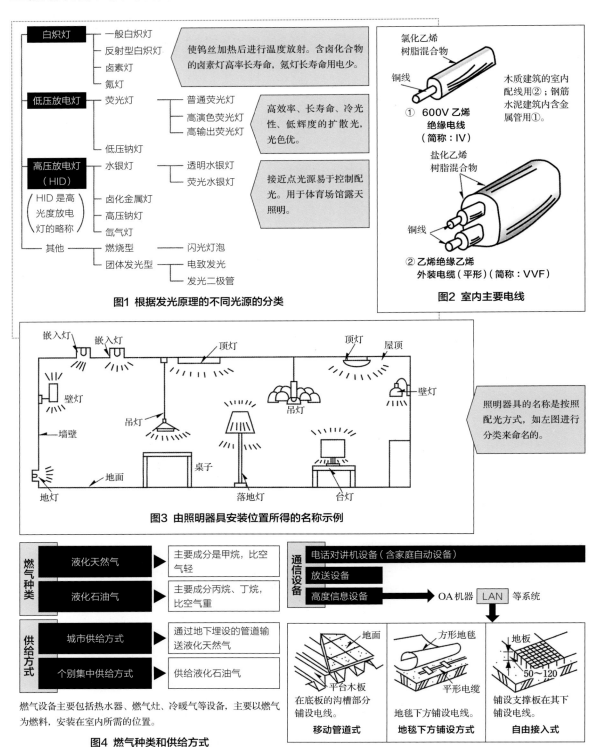

白炽灯 ── 一般白炽灯、反射型白炽灯、卤素灯、氪灯

使钨丝加热后进行温度放射。含卤化合物的卤素灯高率长寿命，氪灯长寿命用电少。

低压放电灯 ── 荧光灯 ── 普通荧光灯、高演色荧光灯、高输出荧光灯
── 低压钠灯

高效率、长寿命、冷光性、低辉度的扩散光，光色优。

高压放电灯（HID）（HID 是高光度放电灯的略称）── 水银灯 ── 透明水银灯、荧光水银灯
── 卤化金属灯、高压钠灯、氙气灯

接近点光源易于控制配光。用于体育场馆露天照明。

其他 ── 燃烧型 ── 闪光灯泡
── 团体发光型 ── 电致发光、发光二极管

图1 根据发光原理的不同光源的分类

① **600V 乙烯绝缘电线**（简称：IV） 氯化乙烯树脂混合物、铜线

② **乙烯绝缘乙烯外装电缆（平形）**（简称：VVF） 盐化乙烯树脂混合物、铜线

木质建筑的室内配线用②；钢筋水泥建筑内含金属管用①。

图2 室内主要电线

嵌入灯、顶灯、屋顶、壁灯、吊灯、墙壁、落地灯、台灯、地灯、地面、桌子

照明器具的名称是按照配光方式，如左图进行分类来命名的。

图3 由照明器具安装位置所得的名称示例

燃气种类 ── 液化天然气 ➤ 主要成分是甲烷，比空气轻
── 液化石油气 ➤ 主要成分丙烷、丁烷，比空气重

供给方式 ── 城市供给方式 ➤ 通过地下埋设的管道输送液化天然气
── 个别集中供给方式 ➤ 供给液化石油气

燃气设备主要包括热水器、燃气灶、冷暖气等设备，主要以燃气为燃料，安装在室内所需的位置。

图4 燃气种类和供给方式

通信设备 ── 电话对讲机设备（含家庭自动设备）、放送设备、高度信息设备 ➤ OA机器 LAN 等系统

移动管道式：平台木板在底板的沟槽部分铺设电线。
地毯下方铺设方式：地毯下方铺设电线。
自由接入式：铺设支撑板在其下铺设电线。50～120

图5 主要通信设备

■ 通信设备——住宅所用设备全貌 ■

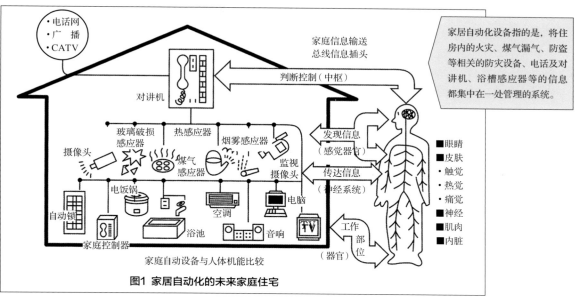

图1 家居自动化的未来家庭住宅

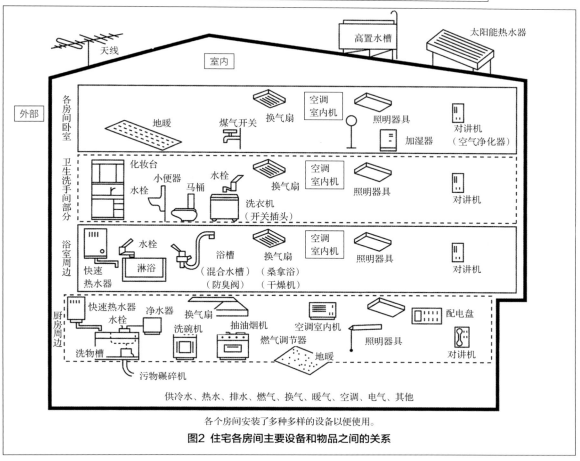

各个房间安装了多种多样的设备以便使用。

图2 住宅各房间主要设备和物品之间的关系

❶ 暖气负荷中的负荷是指暖气必要的热量，是指暖气情况下，墙壁房顶等结构体透风还有换气等所带来的热损失的总热量。如，为了减轻夏季日照的【1】，可考虑在窗户外侧安装百叶窗。

❷ 用冷气热负荷计算日照不到的墙壁的侵入热量的公式如下：
侵入热量＝【2】×【墙壁屋顶面积】×（室外温度－室内温度）

❸ 热泵式空调是利用氟利昂等【3】从液体变为气体蒸发时从周围吸收热量、由气体变为液体时放热的性质，来进行冷热气体的热源机器。以空气为热源的热泵方式，当室外温度变低时暖气效率变【4】。

❹ 在厨房卫生间等易产生室内污染物的地方，进行换气时宜使用【5】机器换气方式。

❺ 钢筋水泥结构的住宅（使用铝窗）的情况，宜进行【6】0.5~1.5次。换气次数是指房间容积除以每小时的换气量所得的值，每人必需的换气量（无燃烧器具的房间内）的标准值是每小时约【7】m³。

❻ 室内空气污染程度指标通常用二氧化碳表示，当其浓度超过【8】的话，将对人体产生不利。

❼ 为了防止废水通过【9】逆流回供水管道，在供水栓等下部设置吐水口空间。【9】是指利用大气压，将容器中的液体自动抽出，为了使液体能够越过容器侧壁流向低处而使用的曲形管道。

❽ 水道直接供水方式与高架水槽供水相比，水压不稳。水压是使水栓热水供应水管正常工作所必要的，【10】所需的最低压力是0.7，普通水栓是0.3。

❾ 热水供应水管除铜管钢管外，还可利用树脂管。热水温度【11】的热水可以和凉水混合以达到适温使用。

❿ 若排水横管倾斜度小，那么流速减慢冲洗作用低，所以会导致污物附着。因此，管径75mm的管道需要【12】以上的倾斜度。

⓫ 杂排水管是管径越【13】倾斜度越大的管道。【14】管是指为了防止排水管内的气压变动，防止凝气阀（配水管道呈s型以将一定的水（这里叫作封水）留住，防止从下水道逆流而来的臭气的装置）破封（指凝气阀中存留的水减少，空气可以通过的状态）的装置。

⓬ 杂排水管所用的硬质【15】管，普通管（VP）比薄壁管（VU）更合适。一般情况下，为了减弱外露排水管道的放射音，在外壁覆盖玻璃棉之后缠上铅板。

⓭ 室内开关的高度，考虑到老年人和轮椅使用者的方便，通常比120cm偏【16】一些更合适。卧室或楼梯的照明器具，最理想的是可以在两处随意开关，所以用【17】开关。

⓮ 集体住宅改装时，想获得200V电压的情况，通常是使用线单相【18】式100V/200V（100和200都可以使用的意思）。

⓯ 室内配线中，一个系统的电流【19】A（安）是最大限度，单相200V的插头使用【20】A型更加安全。

1：冷气负荷
2：总传热率
3：冷冻剂
4：差
5：第三种
6：自然换气次数
7：30
8：5%
9：虹吸管
10：淋浴
11：60~70℃
12：1/100
13：细
14：通气
15：盐化乙烯
16：低
17：三路
18：三线
19：15
20：20

室内设计的表现技法

学习重点

在实际生活中设计（或规划）室内元素的同时，还需要将这些内容准确地传达给第三方。为此，需要将计划好的内容用图纸的形式表现出来，以帮助人们阅读信息。

另一方面，我们作为设计者还要学会理解图纸中表现出来的内容，或者说能够读取图纸中要传递的信息。

本章我们就来学习"读懂图纸"和"表现图纸"所必备的基础知识：

一、为了"读懂图纸"，要理解图纸上都有哪些定好的规则（比如，图纸上的各种记号和符号等）。

二、为了"表现图纸"，需要学习应该遵循怎样的步骤进行绘制相关的基础知识。

三、还要学习室内设计图纸中都包括哪些种类（如平面图、立面图等）。

这一节学习室内设计表现手法的基础知识。表现手法的目的在于：①向顾客进行提议和说明；②向施工人员正确传达业务内容。

表1 平面标记

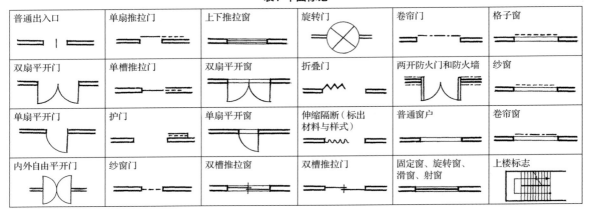

表2 结构与材料的标记

按比例分类　　标记项目	1/100 或 1/200	1/20 或 1/50（1/100、1/200 也可）	1/1、1/2 或 1/5（1/20、1/50、1/100、1/200 也可）	按比例分类　　标记项目	1/100 或 1/200	1/20 或 1/50（1/100、1/200 也可）	1/1、1/2 或 1/5（1/20、1/50、1/100、1/200 也可）
普通墙壁				网		标出材料名称	钢板网 / 钢丝网 / 钢丝格栅
混凝土与钢筋混凝土			描绘实形，标出材料名称				
普通轻体墙				平板玻璃		标出材料名称	
普通混凝土砖墙				瓷砖或者赤陶		标出材料名称 / 标出材料名称	
轻体混凝土砖墙				其他材料		描绘轮廓标出材料名	描绘轮廓或者实际形状，标出材料名称
钢结构				碎石			
木结构及木结构壁	明柱墙 楼层柱、半露柱、通柱 / 明柱墙 楼层柱、半露柱、通柱 / 隐柱墙 楼层柱、半露柱、通柱 /（不分柱子时）	装饰材料 / 结构材料 / 辅助结构材料	装饰材料（标出年轮或者木纹）/ 结构材料 / 辅助结构复合板材	砂石，砂		标出材料名	标出材料名
				石材或人造石		标出石材名称或者人造石名称	标出石材名称或者人造石名称
				抹灰墙		标出材料名称以及饰面种类	标出材料名称以及饰面种类
				榻榻米			
地基				保温吸音材料		标出材料名称	标出材料名称

绘制室内设计的基本图纸，需运用平面图和室内立面图（用于查看各个墙面）。这一节我们以日式住宅为例来学习各种图纸的基础知识。

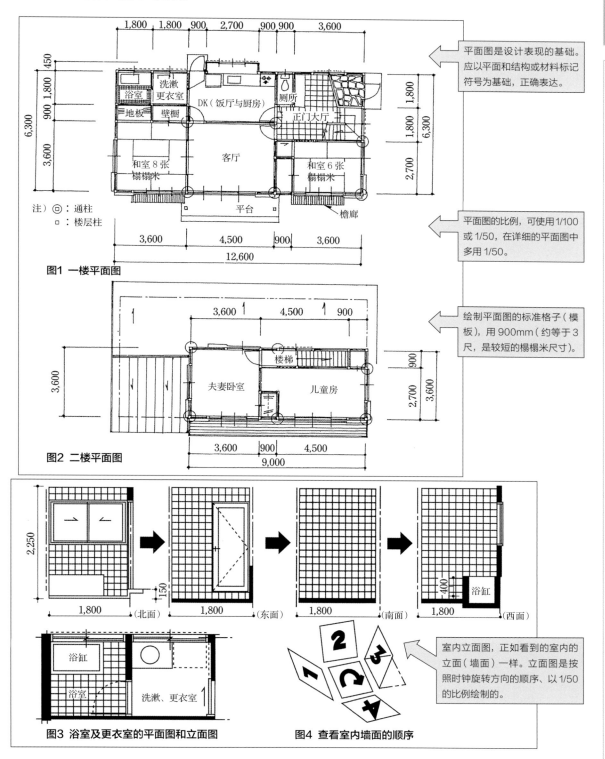

平面图是设计表现的基础。应以平面和结构或材料标记符号为基础，正确表达。

图1 一楼平面图

平面图的比例，可使用1/100或1/50，在详细的平面图中多用1/50。

绘制平面图的标准格子（模板），用900mm（约等于3尺，是较短的榻榻米尺寸）。

图2 二楼平面图

图3 浴室及更衣室的平面图和立面图

图4 查看室内墙面的顺序

室内立面图，正如看到的室内的立面（墙面）一样。立面图是按照时钟旋转方向的顺序、以1/50的比例绘制的。

3

　　在绘制室内设计所用到的基本图纸时，绘制出天花板仰视图（将天花板作为平面进行表现），标出饰面材料的标识，以及标出使用何种家具的图面是非常必要的。

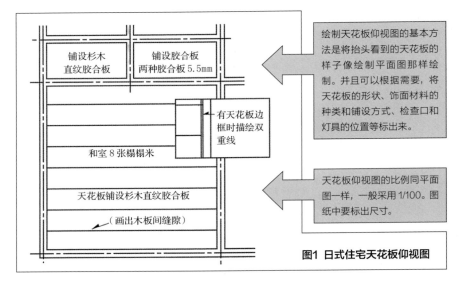

绘制天花板仰视图的基本方法是将抬头看到的天花板的样子像绘制平面图那样绘制。并且可以根据需要，将天花板的形状、饰面材料的种类和铺设方式、检查口和灯具的位置等标出来。

天花板仰视图的比例同平面图一样，一般采用1/100。图纸中要标出尺寸。

图1 日式住宅天花板仰视图

表1 日式住宅饰面清单例

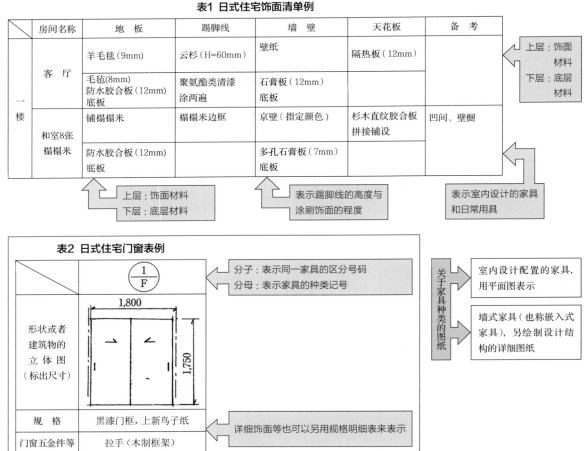

	房间名称	地 板	踢脚线	墙 壁	天花板	备 考
一楼	客 厅	羊毛毯（9mm）	云杉（H=60mm）	壁纸	隔热板（12mm）	
		毛毡(8mm) 防水胶合板（12mm） 底板	聚氨酯类清漆 涂两遍	石膏板（12mm） 底板		
	和室8张 榻榻米	铺榻榻米	榻榻米边框	京壁（指定颜色）	杉木直纹胶合板 拼接铺设	凹间、壁橱
		防水胶合板（12mm） 底板		多孔石膏板（7mm） 底板		

上层：饰面材料
下层：底层材料

上层：饰面材料
下层：底层材料

表示踢脚线的高度与涂刷饰面的程度

表示室内设计的家具和日常用具

表2 日式住宅门窗表例

	$\frac{1}{F}$
形状或者建筑物的立体图（标出尺寸）	1,800 / 1,750
规 格	黑漆门框，上新鸟子纸
门窗五金件等	拉手（木制框架）
安装位置	和室壁橱
数 量	2

分子：表示同一家具的区分号码
分母：表示家具的种类记号

详细饰面等也可以另用规格明细表来表示

关于家具种类的图纸

室内设计配置的家具，用平面图表示

墙式家具（也称嵌入式家具），另绘制设计结构的详细图纸

今天，在建筑物中会附带着各种各样的设备。主要包括：

① 供水和排水

② 卫生关联阀

③ 空调（换气扇）

④ 煤气管道及其关联产品

⑤ 电及其关联产品

特别是，在室内设计的计划中，照明设计图是最受重视的。同时，专用图纸需要依靠专业人士进行绘制。

表1 室内配线标记符号

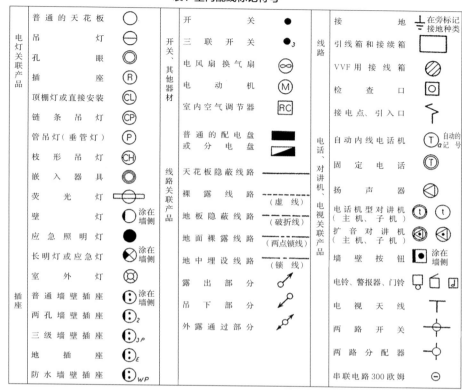

电灯关联产品	普通的天花板灯	○	开关、其他器材	开关	●	线路	接地 (在旁标记接地种类)
	吊灯			三联开关			引线箱和接续箱
	孔眼			电风扇 换气扇			VVF用接线箱
	插座 (R)			电动机 (M)			检查口
	顶棚灯或直接安装 (CL)			室内空气调节器 (RC)			接电点、引入口
	链条吊灯 (CP)		线路关联产品	普通的配电盘或分电盘		电话、对讲机、电视关联产品	自动内线电话机 (Ta 自动的记号)
	管吊灯（垂管灯）(P)			天花板隐蔽线路			固定电话 (T)
	枝形吊灯 (CH)			裸露线路 （虚线）			扬声器
	嵌入器具			地板隐蔽线路 （破折线）			电话机型对讲机（主机、子机）
	荧光灯			地面裸露线路 （两点锁线）			扩音对讲机（主机、子机）
	壁灯 涂在墙侧			地中埋设线路 （锁线）			墙壁按钮 涂在墙侧
	应急照明灯	●		露出部分			电铃、警报器、门铃
	长明灯或应急灯 涂在墙侧			吊下部分			电视天线
	室外灯 涂在墙侧			外露通过部分			两路开关
插座	普通墙壁插座 涂在墙侧						两路分配器
	两孔墙壁插座						串联电路 300 欧姆
	三级墙壁插座						
	地插座						
	防水墙壁插座						

表2 建筑设备的标记符号

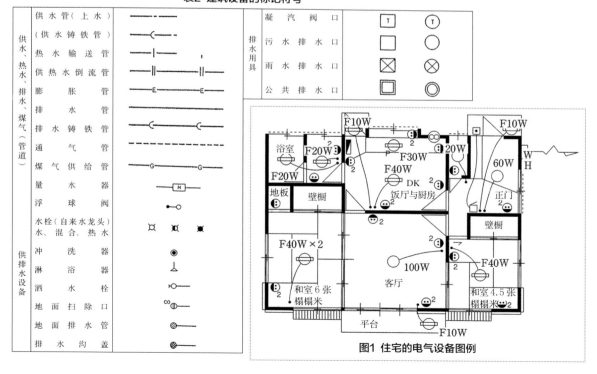

供水、热水、排水、煤气（管道）	供水管（上水）		排水用具	凝汽阀口	
	（供水铸铁管）			污水排水口	
	热水输送管			雨水排水口	
	供热水倒流管			公共排水口	
	膨胀管				
	排水管				
	排水铸铁管				
	通气管				
	煤气供给管				
	量水器				
	浮球阀				
供排水设备	水栓（自来水龙头）水、混合、热水				
	冲洗器				
	淋浴器				
	洒水栓				
	地面扫除口				
	地面排水管				
	排水沟盖				

图1 住宅的电气设备图例

室内设计透视图的目的在于更加立体更加具体地诠释室内设计。

透视图是完成室内设计的构想图。

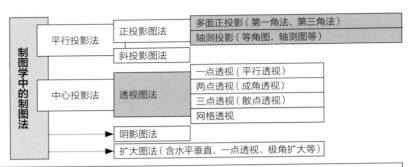

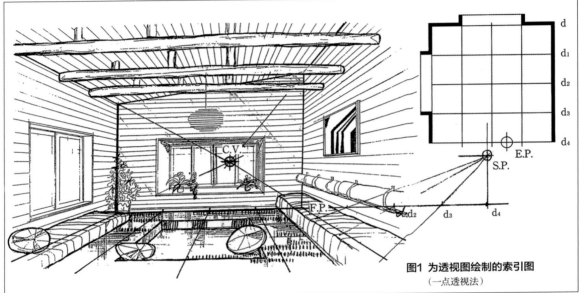

图1 为透视图绘制的索引图
（一点透视法）

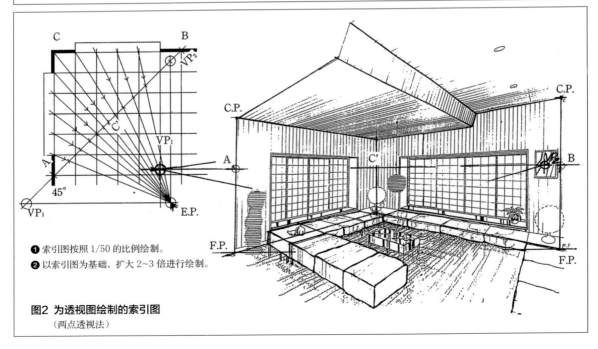

❶ 索引图按照 1/50 的比例绘制。
❷ 以索引图为基础，扩大 2~3 倍进行绘制。

图2 为透视图绘制的索引图
（两点透视法）

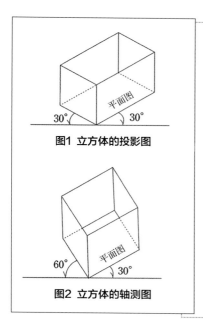

图1 立方体的投影图

图2 立方体的轴测图

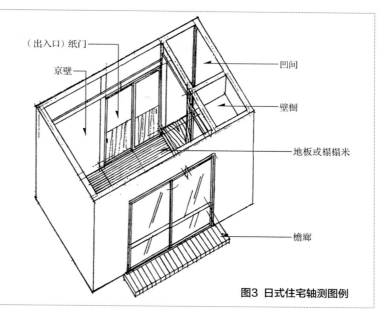

（出入口）纸门

京壁

凹间

壁橱

地板或榻榻米

檐廊

图3 日式住宅轴测图例

同室内设计一样，设计方案使用的图纸中包括轴测投影图（轴测图、投影图）。另外，随手草图的表现以及由导入计算机的CAD图（电脑软件绘图）、CG图（依据计算机的图形处理）等的普及，这些也用于室内设计的透视图表现中。

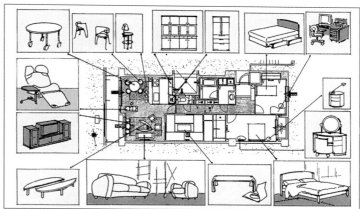

图4 室内设计方案的发表图板例 ①（平面图+家具配置图）

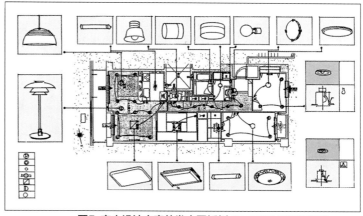

图5 室内设计方案的发表图板例 ②（平面图+照明设计图）

❶ 一般情况下，绘制平面图、配置图时，原则以上方为【1】进行描绘。

❷ 在记录尺寸的时候，原则以【2】为单位填入，不写记号。

❸ 室内的展开图，参照内部墙面绘制，通常情况下，将各墙面按照【3】作图。

❹ 在平面图中，表示竖井等特定的部分有空洞的情况下，在相应的部分用对角线等交叉的细【4】表示。

❺ 绘制平面图（比例为1/50）的时候，若表示钢筋混凝土，根据材料结构标记符号，用斜向右上方45°的【5】来表示。

❻ 绘制室内平面图（比例为1/100）的时候，单开门部分和单开窗部分的画法：【6选择括号中的一项（A：相同；B：不同）】。

❼ 天花板仰视图，是指从下往上看到的天花板，直接绘制成【7】的图纸。

❽ 用于家具图纸中的【8】，是投影图的一种，绘制家具时将平面图画在正面图的上方。

❾ 等角投影制图法指的是将立方体三个方向的棱线以120°等角绘制成【9】的画法。为此，如果用同样的比例绘制宽度、深度、长度等三个方向的长度，看起来会显得不太自然。

❿ 轴测图中，宽、长、高都是同样的比例，使用比例（尺度）可以知道大概尺寸。在投影图中，像轴测图那样测量尺寸【10选择括号中的一项（A：可以做到；B：很难做到；C：做不到）】。

⓫ 在住宅的剖面大样图中书写标记时，在地板龙骨处标上45×45@360的意思是：龙骨剖面是45mm的正方木条，安装时要【11】。

⓬ 绘制剖面详细图时，表示门框位置的内测尺寸，因为是和门碰头没有关系，因此实际的内测尺寸，应该【12选择括号中的一项（A:加上；B减去）】门碰头部分的厚度。

⓭ 在建造家具面板端部写的（R15）是指面板端部有【13】加工。

⓮ 请将下方的标记和图纸记号连接起来。

①碎石　②石材　③木材的饰面材料　④普通的天花板　⑤水栓　⑥排水管
⑦墙壁插座　⑧荧光灯　⑨地板隐蔽线路　⑩扩音器　⑪埋入器具　⑫枝形吊灯
⑬配电盘　⑭淋浴器　⑮木材的结构材料　⑯榻榻米　⑰单开门　⑱单开窗
⑲双槽推拉窗　⑳普通出入口　㉑固定窗　㉒开关　㉓热水栓　㉔吊灯　㉕壁灯

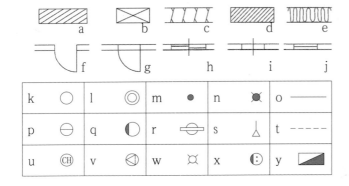

关键词
1：北
2：毫米
3：顺时针旋转
4：实线
5：三条线

6：B

7：平面图

8：第三角法

9：等角投影图

10：B

11：间隔360mm

12：B

13：半径15mm的圆边

a：③	b：⑮
c：①	d：②
e：⑯	f：⑰
g：⑱	h：⑲
i：⑳	j：㉑
k：④	l：⑪
m：㉒	n：㉓
o：⑥	p：㉔
q：㉕	r：⑧
s：⑭	t：⑨
u：⑫	v：⑩
w：⑤	x：⑦
y：⑬	

阅读拓展：室内设计相关法规

学习重点

构思室内设计方案时，在考虑舒适的同时也要留意室内设计与周围的环境以及整个社会大环境的协调统一。

本章我们了解和学习中国、日本等亚洲国家相关社会环境的基本法规，特别是与室内设计相关的基本法规（以建筑基准法为主）：

一、掌握室内设计法规的种类，学习其基础知识。

二、学习建筑基准法中与室内设计相关的内容和基础知识。

三、了解其他诸如与电气、燃气、消费者相关的法规要点。

注）本书中"法"是指建筑基准法，"令"是指建筑基准法实施令。

本章我们主要学习与室内设计相关的法规法令的基础知识。这些相关法规的适用范围主要包括与室内设计直接相关的建筑物，以及日常生活中使用的各种物品等。

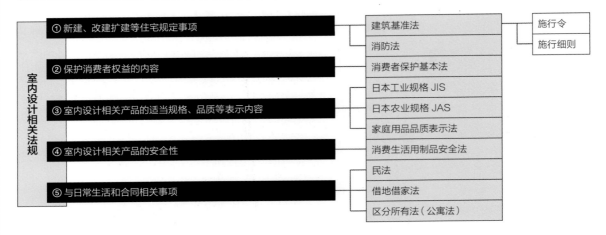

室内设计相关法规	① 新建、改建扩建等住宅规定事项	建筑基准法	施行令
		消防法	施行细则
	② 保护消费者权益的内容	消费者保护基本法	
	③ 室内设计相关产品的适当规格、品质等表示内容	日本工业规格 JIS	
		日本农业规格 JAS	
		家庭用品品质表示法	
	④ 室内设计相关产品的安全性	消费生活用制品安全法	
	⑤ 与日常生活和合同相关事项	民法	
		借地借家法	
		区分所有法（公寓法）	

接下来，理解建筑物房间的基准至关重要。

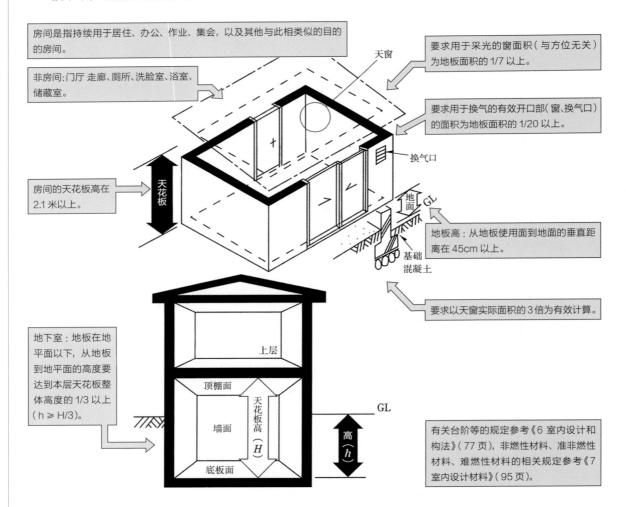

房间是指持续用于居住、办公、作业、集会，以及其他与此相类似的目的的房间。

非房间：门厅 走廊、厕所、洗脸室、浴室、储藏室。

要求用于采光的窗面积（与方位无关）为地板面积的 1/7 以上。

要求用于换气的有效开口部（窗、换气口）的面积为地板面积的 1/20 以上。

房间的天花板高在 2.1 米以上。

天窗

换气口

地板高：从地板使用面到地面的垂直距离在 45cm 以上。

基础混凝土

要求以天窗实际面积的 3 倍为有效计算。

地下室：地板在地平面以下，从地板到地平面的高度要达到本层天花板整体高度的 1/3 以上（h ≥ H/3）。

有关台阶等的规定参考《6 室内设计和构法》（77 页），非燃性材料、准非燃性材料、难燃性材料的相关规定参考《7 室内设计材料》（95 页）。

在日本，室内装饰的内装修限制和使用的防火材料要根据建筑物的用途、规模、结构等具有相应的防火性能的要求来定。

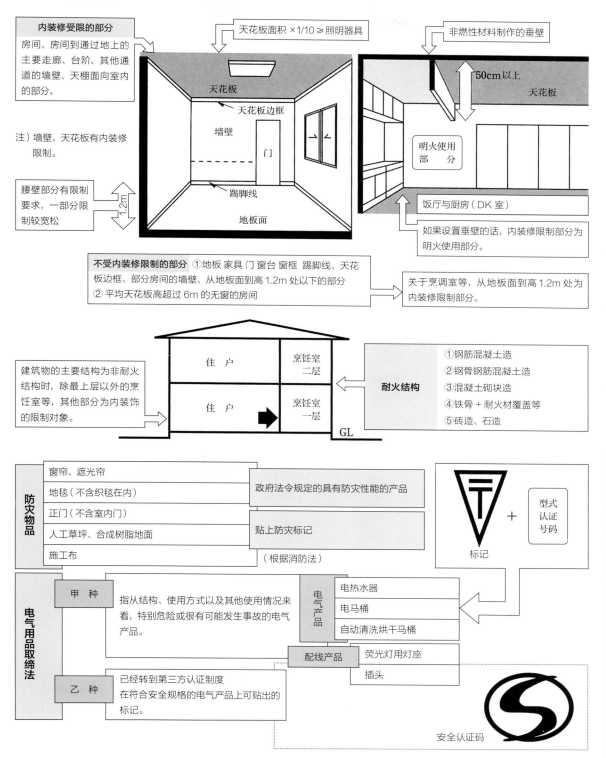

内装修受限的部分
房间、房间到通过地上的主要走廊、台阶、其他通道的墙壁、天棚面向室内的部分。

注）墙壁、天花板有内装修限制。

腰壁部分有限制要求，一部分限制较宽松

天花板面积 ×1/10 ≥ 照明器具

天花板
天花板边框
墙壁
门
踢脚线
地板面
1.2m

非燃性材料制作的垂壁

50cm以上
天花板

明火使用部分

饭厅与厨房（DK室）

如果设置垂壁的话，内装修制部分为明火使用部分。

不受内装修限制的部分 ①地板 家具门 窗台 窗框 踢脚线、天花板边框、部分房间的墙壁、从地板到高1.2m处以下的部分 ② 平均天花板高超过 6m 的无窗的房间

关于烹调室等，从地板面到高1.2m 处为内装修限制部分。

建筑物的主要结构为非耐火结构时，除最上层以外的烹饪室等，其他部分为内装饰的限制对象。

住户　烹饪室二层

住户　烹饪室一层

GL

耐火结构

①钢筋混凝土造
②钢骨钢筋混凝土造
③混凝土砌块造
④铁骨 + 耐火材覆盖等
⑤砖造、石造

防灾物品	窗帘、遮光帘	政府法令规定的具有防灾性能的产品
	地毯（不含织毯在内）	
	正门（不含室内门）	贴上防灾标记
	人工草坪、合成树脂地面	
	施工布	（根据消防法）

型式认证号码

标记

电气用品取缔法

甲 种　指从结构、使用方式以及其他使用情况来看，特别危险或很有可能发生事故的电气产品。

电气产品
电热水器
电马桶
自动清洗烘干马桶

配线产品
荧光灯用灯座
插头

乙 种　已经转到第三方认证制度
在符合安全规格的电气产品上可贴出的标记。

安全认证码

　　气密性是衡量居住性能的标准之一，随着冷暖空调设备的普及，对其要求也越来越高。

　　另外，由于现在很多的建筑材料易挥发出化学物质，同时受现代人不太喜欢打开窗户这一生活方式的影响，室内化学物质过敏现象不断发生。作为解决方法，修订了建筑基准法，于2003年7月1日实施。这里简要介绍一下相关内容。

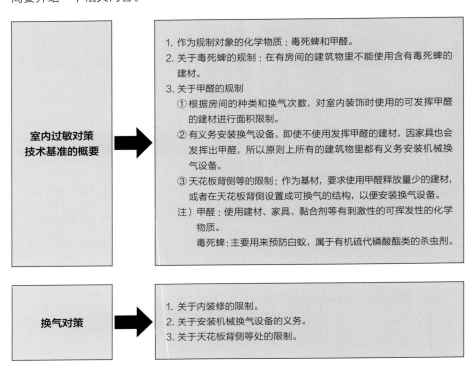

**室内过敏对策
技术基准的概要**

1. 作为规制对象的化学物质：毒死蜱和甲醛。
2. 关于毒死蜱的规制：在有房间的建筑物里不能使用含有毒死蜱的建材。
3. 关于甲醛的规制
　①根据房间的种类和换气次数，对室内装饰时使用的可发挥甲醛的建材进行面积限制。
　②有义务安装换气设备。即使不使用发挥甲醛的建材，因家具也会发挥出甲醛，所以原则上所有的建筑物里都有义务安装机械换气设备。
　③天花板背侧等的限制：作为基材，要求使用甲醛释放量少的建材，或者在天花板背侧设置成可换气的结构，以便安装换气设备。
　注）甲醛：使用建材、家具、黏合剂等有刺激性的可挥发性的化学物质。
　　　毒死蜱：主要用来预防白蚁，属于有机硫代磷酸酯类的杀虫剂。

换气对策

1. 关于内装修的限制。
2. 关于安装机械换气设备的义务。
3. 关于天花板背侧等处的限制。

表1 内装修或天花板背侧使用的指定建材

挥发速度 Mg/m2h		名　称	JIS、JAS	接受认定的建筑材料	内部装修的限制
0.005	以下		F ☆☆☆☆		无
0.005 0.02	以上 以下	释放第三种甲醛的建筑材料	F ☆☆☆ （旧）E₀　　Fc₀	另行接受认定的建材	使用面积受限
0.02 0.02	以上 或以下	释放第二种甲醛的建筑材料	F ☆☆ （旧）E₁　　Fc₁		
0.12	以上	释放第一种甲醛的建筑材料	—— （旧）E₂　　FC₂	——	禁止使用

注）使用有限制的建筑材料如下：①胶合板 结构用嵌板 地板 刨花板 中密度纤维板（MDF）壁纸 淀粉类黏合剂
　　②UF、MF、PF 树脂类黏合剂 涂料或者装饰材料等 ③玻璃棉制品 石棉制品等
　　* 但是施工经过 5 年以上的除外。

**关于换气设备
的要点**

①客厅等所有房间要安装可经常换气的设备。
②扩建、改建、大规模修缮或者大规模重建时，包括原来没有替换的部分，建筑物整体换气设备的基本与新盖建筑物的要求相同。

3

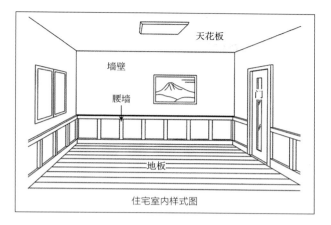

住宅室内样式图

■ 内装修的限制 ■

要 点 ➡
① 内装修使用建材的时候，有面积限制。
② 依据房间的种类、换气次数、建材等级等不同要求，可使用的面积是固定的。

注）所谓的内装修是指地板、墙壁、天花板，以及在这些地方开口部设置的拉门的面向室内的那一侧。除窗台等部分，柱子等轴件、小型柱子、边框，扶手等装饰部分的表面有使用面积的限制。

表1 释放第二种、第三种甲醛建材的使用面积的限制和换气次数

房间种类	换气次数	有面积限制的建筑材料			
		只使用第二种（F☆☆）的情况	N₂	只使用第三种（F☆☆☆）的情况	N₃
住宅等房间（一般住宅的房间）	0.7 次 /h 以上	最多约为地板面积的 0.83 倍	1.2	最多约为地板面积的 5 倍	0.20
	0.7 次 /h 以上 0.7 回 /h 未满	最多约为地板面积的 0.36 倍	2.8	最多约为地板面积的 2 倍	0.50
上述以外的房间（学校、办公室等）	0.7 次 /h 以上	最多约为地板面积的 1.14 倍	0.8	最多约为地板面积的 6.67 倍	0.15
	0.5 次 /h 以上 0.7 回 /h 未满	最多约为地板面积的 0.71 倍	1.4	最多约为地板面积的 4 倍	0.25
	0.3 次 /h 以上 0.5 回 /h 未满	最多约为地板面积的 0.33 倍	3.0	最多约为地板面积的 2 倍	0.50

注 1) 住宅等的房间是指住宅房间、公寓的宿舍、寄宿寝室，家具或与家具类似物品的卖场。
2) 禁止使用释放第一种甲醛的建筑材料。
3) 释放甲醛的速度在 0.005mg/m2h 以下的建材，使用不受限制。

计算式 $N_2 \times S_2 + N_3 \times S_3 \leq A$

上表 N₂ 栏的数值　释放第二种甲醛建材的使用面积　上表 N₃ 栏的数值　释放第三种甲醛建材的使用面积　房间总面积

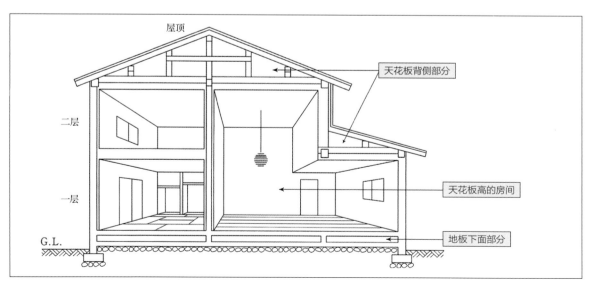

防
止
室
内
化
学
物
质
过
敏
的
技
术
标
准
的
概
要

■ 必须安装的机械换气设备 ■

要 点	

① 房间里必须安装可常换气的机械换气设备。
② 所有的房间要安装表3所示的相应的机械换气设备。
③ 即使使用不释放甲醛的紧密木材，因房间里安放了家具，所以也要安装换气次数为 0.5 次 /h 的机械换气设备。

表1 规定必须安装的机器换气设备的种类

a 机械换气设备（b 以外）	b 空气净化式的机械换气设备	c 中央管理方式空气调和设备
适用机械换气设备的一般技术标准。		适用于中央管理方式空气调和设备的一般技术标准。
在住宅等房间内，要求有效换气量可达到换气次数在 0.5 次 /h 以上，其他房间的有效换气量可达到换气次数在 0.3 次 /h 以上。	住宅等房间的换气次数在 0.5 次 /h 以上的有效换气量，其他房间的换气回数在 0.3 回 /h 的有效换气量，其适用基准是告示基准，或是经相关部门认定的基准。	依照建材释放的甲醛量而进行必要的换气量，或者经相关部门认定的基准。

※ 计算给气机或者排气机的必要排气能力，原则上要考虑换气路径时候的压力损失。
※ 持续运转的时候，要充分考虑气流、温度、噪音等，以免给日常使用带来不便。
注 1）一台机械换气设备同时为两个以上房间进行换气时，其有效换气能力不应低于各个房间所要求的必要换气量的和。
　 2）在需要安装非常用电梯的建筑物里安装机械换气设备时，或者安装中央管理方式的空气调和设备时，其要求是可在中央管理处实现对换气设备的控制和监视。

非适用	

1. 下述情况，作为特例，房间不需要换气设备
① 将可流入新鲜空气的开口部的面积与隙缝处可换气的面积相加，所得数值同每平方米地板相比较，这一数值所占面积在 15cm^2 以上的房间。
② 非胶合板墙壁的房间，天花板和地板为非胶合板的房间，或者开口部的拉门为木制框架的房间。
2. 天花板高度较高的房间，其换气次数要求有所放宽。
　 天花板高度达到一定高度的话，换气次数可如下表放宽要求。

表2 有效换气次数0.7次/h的情况

天花板高度（m）	2.7≤h≤3.3	3.3≤h≤4.1	4.1≤h≤5.4	5.4≤h≤8.1	8.1≤h≤16.1	h≥16.1
有效换气次数（次 /h）	0.6	0.5	0.4	0.3	0.2	0.1

表3 有效换气回数0.5回/h的情况

天花板高度（m）	2.9≤h≤3.9	3.9≤h≤5.8	5.8≤h≤11.5	h≥11.5
有效换气次数（次 /h）	0.4	0.3	0.2	0.1

表4 有效换气回数0.3回/h的情况

天花板高度（m）	3.6≤h≤6.9	6.9≤h≤13.8	h≥13.8
有效换气次数（次 /h）	0.2	0.1	0.05

■ 关于天花板背侧装修的限制 ■

限制的要点	
① 防止天花板背侧的甲烷侵入房间。 ② 限制使用建材或者安装机械的换气设备。	1. 对建材材料进行限制，天花板背侧禁止使用释放第一种、第二种甲醛的建材。 2. 依据机械换气设备的情况。 　① 安装第一种机械换气设备时，房间内部的空气压不能低于天花板背侧等处的空气压。 　② 可安装第二种机械换气设备。 　③ 安装第三种机械换气设备时，在对房间内部同时换气的同时，利用同一个设备或其他换气设备对天花板背侧等空间进行换气。

结合案例，探讨对策

确认天花板背侧（基材）是否使用了可释放第一种、第二种甲醛的建材（F☆☆）。

不使用 →

对建筑材料进行限制。
注）无须安装机械换气设备

使用 ↓

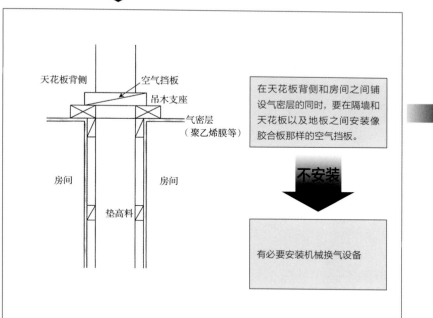

在天花板背侧和房间之间铺设气密层的同时，要在隔墙和天花板以及地板之间安装像胶合板那样的空气挡板。

不适用

无须安装机械换气设备

不安装 ↓

有必要安装机械换气设备

（图中标注）天花板背侧　空气挡板　吊木支座　气密层（聚乙烯膜等）　房间　房间　垫高料

注）在天花板背侧安装换气设备时，有必要满足下述条件。
　① 房间的换气设备如果是第一种换气设备时，确认房间内部的空气气压是否不低于天花板背侧等空间的空气压。天花板背侧等空间另行排气。
　② 房间换气设备可安装第二种换气设备。
　③ 房间的换气设备如果是第三种换气设备时，确认其设备能否对天花板背侧等部分进行换气。在天花板背侧等处安装专用排气设备。

❶ 所有房间中应该设置地板面积【1】以上的有效的换气口，或安装换气设备。

❷ 关于房间地板的高度中规定，特别是最底层房间的地板如果是木结构，从地面到地板使用面的垂直高度须在【2】cm以上，且外壁地板以下的部分须设置换气口，每处换气口的间距应小于5m，面积大于【3】平方厘米。但地板以下如果是经水泥防湿处理等的，不受此限制。

❸ 关于房间天花板的高度，一般房间的高度要求在【4】以上，平均住宅房间的天花板高度在2.4m（约8尺）。

❹ 建筑基准法里定义的"房间"是指持续用于居住、办公等的房间。非房间包含门厅、走廊、【5】、更衣室、洗脸室、浴室、更衣室、储物室等。

❺ 关于楼梯、楼梯平台、斜坡的规定，楼梯和楼梯平台两侧没有侧壁时，必须安装扶手。扶手的高度没有特殊要求，但最好在【6】m以上。从楼梯下面的地板到【7】m以内的楼梯或楼梯平台可以不安装扶手。代替楼梯功能的斜坡的角度须在【8】以下，表面要做防滑处理。

❻ 螺旋状楼梯的踏脚尺寸因测点不同测得的尺寸数据也不同。建筑基准法规定需从窄侧一端到【9】cm的地方进行测量。

❼ 受内装修限制的部分包括房间、房间通到地面的主要走廊、楼梯以及其他走廊的面向室内的【10】和【11】部分。其他还包括安装了【12】的房间和地下室以及连接地上的走廊和台阶那部分、厨房等。

❽ 不受内装修限制的部分包括家具、门扇、窗台、窗框、踢脚线、边框、【13】以及部分房间的墙壁、地板到【14】m以下的部分。

❾ 两层木结构建筑中，如果将原来在一楼的"厨房"挪到二楼，则此翻修施工【15】内装修限制，"厨房"的天花板可以采用铺设贴板的形式。

❿ 因需进行采光和换气，所以地下室不能作为房间使用。需要安装【16】或天窗等。

⓫ 按照规定，当两件连着的房间中的一间因为是厨房收到内装修限制时，为了不让另一间也受到同样限制，在两间房间之间下垂的不燃隔断墙的高度应该从天花板下垂【17】cm以上。非燃烧材料包括石棉瓦、玻璃等，准非燃烧材料多采用石膏板。

⓬ 电器用品需要安全保障，从结构和使用方法来看，容易发生危险和出现故障的是甲种电器用品。（①电气制品→电温水器、电气便座、自动除污干燥便座。②配线器具→荧光灯用插座、【18】），此外还分乙种电气用品。

⓭ 托架或嵌入式照明灯具要遵循【19】电器用品的要求。台灯即使使用100瓦以下的灯泡，因其属于【20】电气用品，选择时也要留心注意。

⓮ 因消费者没有仔细阅读使用说明书，误用造成伤害的，不适用【21】。

⓯ 消防法规定的防灾物品包括窗帘、地毯（除手织毛地毯外）、正门（除【22】以外）、人工草坪、施工布等。

关键词
1：1/20
2：45
3：300
4：2.1m
5：厕所
6：1.1
7：1.0
8：1/8
9：30
10：墙壁
11：天花板
12：暖气（或炉）
13：地板
14：1.2
15：不受
16：采光井
17：50
18：插座
19：乙种
20：甲种
21：制造物责任法（PL法）
22：室内门

Reference Documentation 参考文献

1) 平井圣《图说日本住宅的历史》学艺出版社，1988
2) 小原二郎编《室内装饰设计1.2》鹿岛出版会，1973
3) 苦口捨己、村田治郎、神代雄一郎、相川三郎、川上贡《建筑史》欧姆社，1995
4) 铃木博之编《图说年表西洋建筑的样式》彰国社，1998
5) 飞利浦·威尔金森，长谷川尧兼修《Pocketpedia建筑》纪伊国屋书店，1997
6) 小原二郎、加藤力、安藤正雄《室内装饰的计划和设计》彰国社，1986
7) 尾上孝一《图解木造建筑入门》井上书院，1979
8) 小原二郎、内田祥哉、宇野英隆编《建筑·室内·人间工学》鹿岛出版会，1969
9) 小宫容一《室内设计产品配色集成》欧姆社，1995
10) 弗朗西斯·D.K.陈，太田邦夫译《设计建筑的形状和空间》彰国社，1987
11) 冈田光正《建筑人间工学空间设计的原点》理工学社，1993
12) 小林盛太《科学建筑美》彰国社，1991
13) 日野永一《技术系列设计》朝仓书店，1981
14) 高桥正人《新版基础设计》言崎美术社，1984
15) 卡尔·曼谷，安藤正雄译《现代家具的历史》A.D.A.EDITA Tokyo，1979
16) 键和田务《椅子的民俗学》柴田书店，1977
17) 键和田务《西洋家具集成》讲谈社，1980
18) 小泉和子《家具和室内设计的文化史》法政大学出版局，1979
19) 小宫容一《图解室内设计构成材料——选择方法和使用方法》欧姆社，1987
20) 山口正城、塚田敢《设计的基础》光生馆，1965
21) 尾上孝一《图解室内设计图纸的看法和画法》欧姆社，1986
22) 安达英俊《室内装饰设计制图的技巧》学艺出版社，1993
23) 小宫容一《图解室内装饰设计的实际》欧姆社，1989
24) 日本建筑学会编《建筑学用语辞典》岩波书店，1993
25) 壁装材料协会编《室内装饰大事典》彰国社，1988
26) 尾上孝一、大广保行、加藤力编《图解室内装饰设计咨询人用语辞典》井上书院，1993
27) 清家清监修《室内装饰设计辞典》朝仓书店，1981
28) 岩井一幸、奥田宗幸《图解住所的尺寸和计划事典》彰国社，1992
29) 日本建筑学会编《袖珍建筑设计资料集成（住处）》丸善，1991
30)《世界建筑全集（全14卷）》平凡社，1960

INDEX 索 引

第一章（P9~14）

大理石御座	10
爱奥尼亚柱式	10
伊斯兰建筑	10
埃及建筑	10
希腊建筑	10
克里斯姆斯靠椅	10
科林斯柱式	10
混合柱式	10
托斯卡纳柱式	10
多立克柱式	10
拜占庭建筑	10
青铜双人长凳与脚凳	10
罗马建筑	10
文艺复兴	11
洛可可建筑	11
罗马建筑	11
巴洛克风格	11
美术工艺运动	11
哥特建筑	11
风格派	12
装饰艺术派	12
新艺术派，新艺术运动	12
法国新艺术运动	12
包豪斯	12
弗兰克·劳埃德·赖特	12
汉斯·韦格纳	13
阿纳·雅各布森	13
伊莫斯夫妇	13
吉奥·庞蒂	13

第二章（P15~28）

田舍间	17
京间	17
间	17
建筑模板	17
榻榻米	17
中京间	17
坪	17
动线设计	18
室内性能	18
自然灾害	19
扶手	19
客厅	20
饭厅	21
主卧室	22
儿童房	22
上下床	22
家务室	23
厨房	23
洗漱间	23
浴室	23
厕所	24
走廊	24
楼梯	24
门厅	25
老年人的房间	25

无障碍	25
维护管理	27

第三章（P29~38）

人体尺寸	30
卧姿	31
坐姿	31
最大作业域	31
人体尺寸的概算值	31
垂直作业域	31
水平作业域	31
通常作业域	31
动作姿势	31
站姿	31
席地而坐	31
休息用的椅子	32
座位标准点	32
作业用的椅子	32
桌椅高度差	32
靠背支撑点	32
休息姿势	33
作业姿势	33
睡眠姿势	33
动作空间	34
储物计划	35
远社会空间	36
亲社会空间	36
建筑一体家具	37

第四章（P39~52）

拱形天花板	40
跳层	40
错觉	41
黄金比	42
函数比	42
整数比	42
递增	42
造型美	42
造型元素	42
对称	42
对比	42
非对称	42
类似	42
根号比长方形	42, 44
rhythm	42, 45
节奏	42, 45
变化	42, 43
比例	42, 44
反复	42, 45
和谐	42, 43
统一	42, 43
均衡	42, 44
accent	42, 45
强调	42, 45
英国摄政风格	43
黄金比长方形	44
均衡	44

比例	44
移动	45
相互交错	45
光源色	46
纯度	46
三原色	46
色相	46
物体色	46
无彩色	46
明度	46
有彩色	46
膨胀	47
冷色	47
后退色	47
收缩	47
前进色	47
暖色	47
色调表色体系	48
色立体	48
色相环	48
蒙塞尔色彩体系	48
配色	49
色彩搭配	49
色相配色	49
色调配色	49
材质	50

第五章（P53~63）

建筑面积率	54
室内装饰	54
容积率	54
垂直负荷	55
固定负荷	55
水平负荷	55
载重负荷	55
积雪负荷	55
短期负荷	55
长期负荷	55
传统构架法	56
箱形框架结构	56
圆木构架法	56
木质预制构架法	56
框架墙构架法	56
框架结构	56, 60, 62
拱形结构	56, 60
桁架结构	56, 62
连续基础	57
打地基	57
独立基础	57
板式基础	57
梁柱结构	58
歇山屋顶	58
龙骨托梁	58
单坡屋顶	58
人字屋顶	58
小梁	58
屋架	58
混凝土短柱	58

垂木……………………………58
短柱垫石………………………58
吊顶拉杆………………………58
吊顶拉杆承梁…………………58
横撑……………………………58
二楼龙骨………………………58
二楼地板组……………………58
龙骨……………………………58
吊顶木筋………………………58
裙摆屋顶………………………58
梁………………………………58
间柱……………………………58
屋脊……………………………58
檩条……………………………58
地板下短柱……………………58
平屋顶…………………………58
交叉接榫………………………59
接合用的辅助材料……………59
榫头……………………………59
对接榫………………………59、61
板柱结构………………………60
壳形结构………………………60
梁柱法…………………………60
一体结构………………………60
钢筋混凝土结构………………60
钢结构…………………………60
木结构…………………………60
砂浆……………………………60
混凝土………………………60、81
间隔……………………………61
保护层厚度……………………61
固定……………………………61
隔断墙………………………61、68
焊接接合………………………62
高强度螺栓接合………………62
耐火涂层………………………62
对角支撑………………………63
重叠接头………………………63
楼层柱…………………………63
通柱……………………………63
水平斜撑………………………63

第六章（P64~77）

空铺木地板……………………66
铺地毯…………………………66
单层木地板……………………66
短柱支撑木地板………………66
双层木地板……………………66
铺设地板……………………66、71、82
马赛克地板……………………66
砂浆墙…………………………67
石膏板墙………………………67
湿式架构法……………………67
明柱墙…………………………67
抹灰墙………………………67、71
隐柱墙…………………………67
干式架构法……………………67
京式墙…………………………67
预制板方式……………………68
木结构横撑底层………………68
砂浆底层………………………68
钢丝网底层……………………68

石膏板底层……………………68
横撑底层………………………68
灰板条底层……………………68
金属横撑底层…………………68
混凝土面直接装饰……………68
壁骨……………………………68
拱脊方式………………………68
大和饰面………………………68
梯形天花板……………………69
四周凹圆线脚顶棚……………69
透光顶棚………………………69
方形天花板……………………69
船底天花板……………………69
石膏板顶棚……………………69
枝条顶棚………………………69
抹灰顶棚………………………69
垫条饰面………………………69
系统套件顶棚…………………69
错缝接…………………………69
贴板顶棚………………………69
拜佛天花板……………………69
凹圆线脚格子顶棚……………69
凹进天花板……………………69
吊顶天花板……………………69
折线天花板……………………69
格子天花板……………………88
平门槛…………………………70
楣窗……………………………70
横档……………………………70
内侧尺寸………………………70
门上档…………………………70
门槛……………………………70
建造……………………………70
博古架…………………………71
出书院…………………………71
顶柜……………………………71
凹间……………………………71
平书院…………………………71
踏脚底板………………………71
高台地板………………………71
踢脚底板………………………71
地柜……………………………71
壁橱……………………………72
窗帘盒…………………………72
榻榻米边框……………………72
建筑埋设家具…………………72
天花板边框……………………72
踢脚线…………………………72
百叶窗盒………………………72
细木条门………………………73
镶板门…………………………73
光板门…………………………73
内开内倒门……………………74
双扇内倒推拉门………………74
单扇内倒推拉门………………74
推拉门…………………………74
平开门…………………………74
内外开闭门……………………74
固定百叶窗……………………74
篷式天窗………………………74
折叠门…………………………74
旋转门…………………………74
直梯……………………………75

箱式楼梯………………………75
旋转楼梯………………………75
明侧板式楼梯…………………75
双折梯…………………………75
单折梯…………………………75
斜梁式楼梯……………………75
后隔断墙………………………76
后面板…………………………76
内装修材料…………………76、79

第七章（P78~95）

木材加工制品…………………80
含水率…………………………80
结构材料………………………80
阔叶树…………………………80
饰面材料………………………80
针叶树…………………………80
绝干材…………………………80
特殊混凝土……………………81
水泥制品………………………81
空气膜结构……………………81
混凝土砖块……………………81
威尔顿机织地毯………………82
砖…………………………82、85
石材………………………82、87
毛绒地毯………………………83
平织……………………………83
斜纹织…………………………83
陶器……………………………84
土器……………………………84
瓷器……………………………84
粗陶……………………………84
陶瓷……………………………84
胶合板…………………………85
石膏板……………………85、87
打磨处理………………………87
白云岩灰泥粉…………………87
横竖对齐接缝…………………87
左右错半接缝…………………87
打楔面…………………………87
火烧面…………………………87
喷砂面…………………………87
斜角菱形接缝…………………87
粗面处理………………………87
杉木横纹胶合板接缝拼接……88
软质纤维板……………………88
绝缘板……………………88、92
吸音材料………………………90
隔音材料………………………90
多孔材料………………………90
隔热材料………………………90
防火材料………………………90
防振材料………………………90
防水材料………………………90
特殊石棉吸音板………………91
隔音衬层………………………91
隔音木地板……………………91
有孔石膏板……………………91
石棉吸音板……………………91
玻璃棉…………………………92
硬质聚氨酯泡沫………………92
石棉……………………………92

发泡聚氯苯乙烯 ················· 92
ALC ························· 93
准不可燃材料 ················· 93
阻燃材料 ····················· 93
不可燃材料 ··················· 93
2. 衬层防水 ··················· 94
沥青防水 ····················· 94
3. 涂膜防水 ··················· 94
砂浆防水 ····················· 94

第八章（P96~108）

气象图 ······················· 98
日照 ························· 98
热量 ························· 98
有效温度 ····················· 98
4 种温热要素 ················· 98
新有效温度 ··················· 98
通风 ····················· 98, 101
照明 ····················· 98, 103
采光 ····················· 98, 102
音响 ····················· 98, 105
换气 ····················· 98, 101
日射 ······················ 98, 99
日照时间 ··················· 98, 99
日照率 ···················· 98, 99
可照时间 ····················· 99
日影曲线图 ··················· 99
空气曲线图 ·················· 100
总传热率 ···················· 100
热传导率 ···················· 100
热传递率 ···················· 100
机械换气 ···················· 101
可接受的一氧化碳浓度 ········· 101
必须换气量 ·················· 101
自然换气 ···················· 101
第三种机械换气 ·············· 101
第二种机械换气 ·············· 101
第一种机械换气 ·············· 101
昼光率 ····················· 102
紫外线 ····················· 102
照度 ······················· 102
照度标准 ···················· 102
可视光线 ···················· 102
光源 ······················· 102
光束 ······················· 102
光束发散度 ·················· 102
光度 ······················· 102
亮度 ······················· 103
水银灯 ····················· 103
全体扩散照明 ················ 103
间接照明 ···················· 103
荧光灯 ····················· 103
高压钠灯 ···················· 103
卤化金属灯 ·················· 103
半间接照明 ·················· 103
半直接照明 ·················· 103
直接照明 ················ 103, 104
白炽灯 ················· 103, 118
建筑化照明 ·················· 104
光量照明 ···················· 104
平衡照明 ···················· 104
透光天花板照明 ·············· 104

百叶天窗 ···················· 104
角落照明 ···················· 104
镶板照明 ···················· 104
檐口照明 ···················· 104
凹圆槽照明 ·················· 104
音色 ······················· 105
波长 ······················· 105
声音的三个属性 ·············· 105
音强 ······················· 105
音响输出 ···················· 105
音速 ······················· 105
频率 ······················· 105
振动数 ····················· 105
穿透损失 ···················· 106
噪音 ······················· 106
NC 值 ······················ 106
回音 ······················· 106
最佳余音时间 ················ 107
余音时间 ···················· 107
吸音 ······················· 107

第九章（P109~120）

通讯信息设备 ················ 110
卫生设备 ···················· 110
供排水设备 ·················· 110
电气设备 ················ 110, 117
蓄压罐供水 ·················· 111
自来水管直接供水 ············ 111
压力水槽供水 ················ 111
水塔供水 ···················· 111
供水量 ····················· 111
水箱供水 ···················· 111
抽水泵供水 ·················· 111
中央热水供应设备 ············ 112
所需最低水压 ················ 112
供水管道管径 ················ 112
热水供应热负荷 ·············· 112
特殊排水 ···················· 113
阀门 ······················· 113
生活用水排水 ················ 113
雨水排水 ···················· 113
污水 ······················· 113
水封 ······················· 113
通气管 ····················· 114
虹吸式 ····················· 114
喷射式虹吸 ·················· 114
旋涡式虹吸 ·················· 114
伸顶通气管 ·················· 114
环形通气管 ·················· 114
直冲式 ····················· 114
独立通气管 ·················· 114
单管式 ····················· 115
每层安装组机式 ·············· 115
空气、水汽式 ················ 115
空气调节设备 ················ 115
空气式 ····················· 115
双管式 ····················· 115
整套式 ····················· 115
通风盘式 ···················· 115
放射冷暖气式 ················ 115
水汽式 ····················· 115
诱导机组式 ·················· 115

制冷剂式 ···················· 115
水汽式 ····················· 116
蒸汽暖气 ···················· 116
热源机 ····················· 116
热风暖气 ···················· 116
放射的冷暖气式 ·············· 116
预热时间 ···················· 116
制冷剂式 ···················· 116
干线 ······················· 117
交流三相三线式 ·············· 117
交流单相三线式 ·············· 117
交流单相二线式 ·············· 117
分支线路 ···················· 117
低压放电灯 ·················· 118
移动管道式 ·················· 118
自由接入式 ·················· 118
地毯下方铺设方式 ············ 118
HID ······················· 118
高压放电灯 ·················· 118
家居自动化设备 ·············· 119

第十章（P121~128）

结构、材料标记 ·············· 122
平面标记 ···················· 122
平面图 ····················· 123
立面图 ····················· 123
门窗表 ····················· 124
天花板仰视图 ················ 124
室内配线用标记 ·············· 125
建筑设备标记 ················ 125
设备图 ····················· 125
透视法 ····················· 126
CG ························· 127
轴测投影图 ·················· 127
设计方案发表图板 ············ 127
投影图 ····················· 127
轴测图 ····················· 127
CAD ······················· 127

第十一章（P129~136）

室内相关法规 ················ 130
房间 ······················· 130
公寓法 ····················· 130
地板高 ····················· 130
地下室 ····················· 130
天窗 ······················· 130
内装修限制 ·················· 131
防灾物品 ···················· 131
耐火结构 ···················· 131
电气用品取缔法 ·············· 131